北京林业有害生物

主编 陶万强 关 玲

东北林业大学出版社
Northeast Forestry University Press

图书在版编目（CIP）数据

北京林业有害生物／陶万强，关玲主编. — 哈尔滨：东北林业大学
出版社，2017.6
ISBN 978 – 7 – 5674 – 1152 – 4

Ⅰ. ①北… Ⅱ. ①陶…②关… Ⅲ. ①森林-病虫害防治-北京
Ⅳ. ①S763

中国版本图书馆 CIP 数据核字（2017）第 146425 号

责任编辑：姜俊清
封面设计：乔鑫鑫
出版发行：东北林业大学出版社（哈尔滨市香坊区哈平六道街 6 号　邮编：150040）
印　　装：北京力信诚印刷有限公司
开　　本：787 mm×1092 mm　1/16
印　　张：26.5
字　　数：250 千字
版　　次：2017 年 6 月第 1 版
印　　次：2017 年 6 月第 1 次印刷
定　　价：289.00 元

《北京林业有害生物》编委会

主　　任：朱绍文

编　　委：陈凤旺　闫国增　王　合　肖海军　董立京　张崇岭

主　　编：陶万强　关　玲

副 主 编：潘彦平　刘　寰

统　　稿：朱绍文　关　玲　陶万强　潘彦平　刘　寰　李　洋

执　　笔：潘彦平　关　玲　周在豹　薛　洋　郭一妹　颜　容　刘　曦　闫国增
　　　　　王金利　禹菊香　米　莹　赵佳丽　黄　盼　袁　菲　王　合　陈　超
　　　　　李继磊　王海光　李　洋　安　康

照片资料：刘　曦　潘彦平　张　雪　禹菊香　关　玲　王　合　刘　寰　王金利
　　　　　闫国增　薛　洋　郭一妹　周在豹　虞国跃　张润志　穆希凤　朱晓清
　　　　　朱京驹　赵京芬　卢绪利　李金宇　朱云峰　程登发　石宝才　林绍光
　　　　　王长民　王　涛　熊德平　赵佳丽　袁　菲　颜　容　王　峰　陈　晨
　　　　　杨维宇　李　淳　于文武　屈金亮　祁润身　何　俊　谢明玉　张凯敏
　　　　　王　亮　张庭凯　王晓淼　吴荔蕊　周自东　王进忠

参加人员：张崇岭　弓献词　朱　利　肖德国　刘高斯　焦荣梅　罗　欣　陈淑峰
　　　　　高宝宽　周　义　刘　君　王永来　辛向东　陈　磊　朱京驹　赵京芬
　　　　　孙　倩　隗有龙　高瑞珊　杜进昭　王卫东　屈海学　周晓然　任　颖
　　　　　高占月　王岩森　胡　阳　张莹莹　田作宝　肖玉安　段振武　赵洪林
　　　　　张宝增　侯立敏　唐琪瑜　冯术快　赵怀东　岳树林　张文忠　孙福君
　　　　　常恩忠　周铁军　胡亚莉　张春增　杨冬升　吴有刚　李忠良　陆克安
　　　　　林　永　詹　民　张振利　周来青　孟秋洁　张　婷

序
PREFACE

近年来，北京市园林绿化事业蓬勃发展，截至2015年底，全市林地面积达108.14万 hm^2，森林面积73.45万 hm^2，绿地面积8.02万 hm^2；全市森林覆盖率达41.6%，林木绿化率59%，城市绿化覆盖率48%，人均公园绿地16 m^2，城乡生态景观环境得到明显改善。

随着林木资源总量的不断增加，林业有害生物发生面积也随之增加，年均发生面积4万公顷，有危害记录的病虫达472种。

2014至2016年，北京市林业保护站组织专业技术人员撰写了《北京林业有害生物》，该书图文并茂，文字简练、图片典型，突出病虫害发生规律及危害特点，有针对性地提出了防治措施，可操作性强，是基层专业技术人员、社会化防治公司和科普宣传的重要参考书籍。

林业有害生物防控工作，不仅具有长期性、复杂性，而且具有生物灾害的特殊性。该书的正式出版是北京市林业有害生物防控工作的一项重要成果，也是对近年来北京市林业有害生物防控工作的系统总结，对有效防控北京市林业有害生物、确保以优美的生态环境迎接2022年冬季奥运会具有重要意义。为此，祝贺其正式出版，并乐之为序。

北京林业大学　骆有庆

2017年5月16日

前 言
FORWORD

　　为进一步做好林业有害生物防控工作，确保北京绿化造林成果，确保首都绿色景观完整，确保林业、果树、花卉生产安全，北京市林业保护站组织专业技术人员编写了《北京林业有害生物》一书。本书筛选北京地区主要林业有害生物238种，其中刺吸类害虫53种，食叶类害虫101种，蛀干蛀果类害虫49种，地下害虫8种，病害26种，有害植物1种。本书重点介绍了每种有害生物的中文名、拉丁名（英文名）、分类地位、发生危害特点、寄主植物和防治措施等内容；全书共编选有害生物生态照片和典型症状照片1 149张。同时，本书还编辑整理了中文索引、美国白蛾快速鉴定、美国白蛾性信息素诱芯和诱虫杀虫灯使用方法、白蛾周氏啮小蜂释放技术、红脂大小蠹识别、北京市林业植物检疫办法和北京市人民政府办公厅关于进一步加强林业有害生物防治工作的实施意见作为附件，便于广大专业技术人员查阅使用。

　　本书由北京林业大学李镇宇教授、骆有庆教授、田呈明教授审阅，并提出了宝贵意见，在此表示衷心感谢！

　　因时间仓促，编写人员水平有限，错误在所难免，敬请批评指正。

编者

2017年5月20日

目 录
CONTENTS

刺吸类害虫

食叶类害虫

目
录

蛀干蛀果类害虫

地下类害虫

病害

有害植物

附 录

茶翅蝽	*Halyomorpha picus* (Fabricius)	蝽 科	Pentatomidae

茶翅蝽又名臭木椿象、茶翅臭象，俗称"臭大姐"，属半翅目蝽科，是一种刺吸类害虫。

特点

1.具有在多种寄主植物间转移为害的习性；以成虫、若虫刺吸果实、嫩梢为害为主；受害果实畸形，形成"疙瘩果"，枝梢受害处流胶。

2.一年发生1代，以成虫在草堆、树洞、房檐下、窗缝、墙缝等处越冬；5月上旬成虫开始活动，7月上旬若虫孵化，7月下旬成虫羽化，9月开始越冬。

3.气温较低时，成虫多处于静伏状态；温度越高，为害越重。

4.成虫体长15 mm。

5.5月下旬至6月上旬是全年药剂防治的关键时期。

寄主

榆、国槐、臭椿、合欢、桑、丁香、海棠、樱花、苹果、桃、梨、柿树和樱桃等。

防治措施

1.冬季清除林间和果园内的枯枝落叶和杂草。

2.清晨人工捕杀树干、窗户和墙壁上的成虫。

3.若虫发生期，使用高渗苯氧威、吡虫啉等喷雾防治。

4.保护利用茶翅蝽沟卵蜂、平腹小蜂等天敌。

成虫

若虫

成虫为害果实

果实受害状

| 金绿宽盾蝽 | *Poecilocoris lewisi* (Distant) | 盾蝽科 | Scutelleridae |

金绿宽盾蝽又名异色花龟蝽，属半翅目盾蝽科，是一种刺吸类害虫。

特点

1.低龄若虫具有群集性，成虫、若虫刺吸嫩芽、嫩叶为害，受害处易干枯；春季若虫首先到葡萄等藤本植物上吸食液汁为害，5月下旬至6月羽化，成虫多在松柏树上活动为害；卵在针叶上呈条状排列，在阔叶上四粒一排倾斜排列。

2.一年发生1代，以5龄若虫在石块下、土缝中越冬。5月下旬至8月中旬为成虫发生期，7~8月成虫产卵于叶背，9~10月5龄若虫继续在松柏树上为害。

3.成虫体长13~16mm，宽9~11 m，宽椭圆形，金绿色或蓝紫色，有金属光泽，成虫前胸背板有横向近

成虫

成虫

"日"字形赭红色纹,小盾片隆起如龟背,前缘"冂"字形、端部边缘、中部2条横波纹以及中央1条短纵纹均为赭红色。

4. 老熟若虫头、胸黑色,腹背有一个"凹"字黑斑,侧接缘有一列圆形黑斑。

寄主

油松、柏、楸、栎、柳、杨、臭椿、葡萄、荆条、扁担木、水曲柳、石榴和刺梨等。

防治措施

1.冬季清除林间枯枝落叶和杂草,消灭越冬若虫。
2.使用高渗苯氧威、吡虫啉等药剂喷雾防治若虫。

若虫(示圆形黑斑)

若虫(示凹字形黑斑)

若虫

刺吸类害虫

红足壮异蝽属半翅目异蝽科，是一种刺吸类害虫。

特点

1.成虫和若虫均可为害，其为害部位主要为叶芽、嫩叶、花芽、嫩枝以及果实；若虫有群集为害的习性，成虫多分散活动；主要为害榆树幼树和梨树幼果。叶片受害后，轻则部分叶面变黄，重则逐渐枯黄，甚至形成小枝枯死的现象。梨果实受害后组织硬化并形成畸形果。

2.成虫长椭圆形，宽而粗壮。足红色、紫红色或红褐色。体赭色，略带红色。雌虫体长大于雄虫。触角5节，基部3节黑褐，端部2节黑黄相间。前胸背板具八字形黑纹。前翅革片上有黑褐色圆斑2个，小盾片前基角各有椭圆形黑斑1个。腹部外缘具方形黑色和土黄色相间的斑纹。

卵长椭圆形，多呈块状排列，每块20～30粒形成卵块。

若虫共5龄，初孵若虫浅黄色，随着龄期增长逐渐变成深黄色、黄褐色。

3.一年发生1代。多以成虫在向阳背风处土缝、石块及枯枝落叶层等处越冬，部分个体也迁飞到房屋墙角、房檐的缝隙内越冬。山西太原，每年4月中旬成虫开始活动，取食为害榆、梨叶芽。5月上旬中旬到6月初为交尾季节，10天左右开始产卵。6月上中旬若虫孵化，7月上旬成虫开始出现。10月上旬气温下降后，成虫则陆续寻找越冬场所开始越冬。

4.树龄6年生以上的林地发生重，6年生以下则发生轻；健康树上发生重，衰弱树上发生轻；

成虫

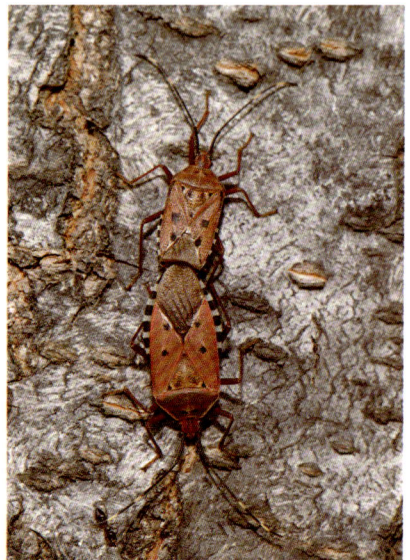
成虫交尾

管理粗放的地块发生重。

寄主

榆、梨、榛、栎、杨、柳等。

防治措施

1.清除林间杂草，消灭越冬成虫；人工捕杀成虫；摘除卵块。
2.低龄幼虫期，使用苦参碱、啶虫脒或鱼藤酮等喷雾防治。
3.保护利用蠋蝽、猎蝽、泥蜂等天敌。

| 红脊长蝽 | *Tropidothorax elegans* (Distant) | 长蝽科 | Lygaeidae |

红脊长蝽又名黑斑红长蝽、红背长蝽，属半翅目长蝽科，是一种刺吸类害虫。

特点

1.主要以成虫、若虫群集于嫩茎、嫩叶刺吸汁液为害，刺吸处多出现褐色斑点，严重时可导致受害叶片枯萎。
2.一年发生2代，以成虫在石块、土穴中或树洞里成团越冬。翌年4月中旬成虫出蛰，5月下旬至6月中旬为第1代若虫发生期，6～8月为第1代成虫发生期，8月上旬至9月中旬为第2代若虫发生期，9月中旬至11月中旬为第2代成虫发生期。
3.成虫体长8～11 mm，长椭圆形；前胸背板赤黄色或红色，上有近方形的黑斑2

成虫

成虫腹面

个；小盾片黑色；鞘翅赤黄色或红色，每个鞘翅中部各有不规则的黑斑1个；膜翅黑色。

4.成虫具有趋光性，先在嫩梢上群集为害，后分散为害；卵成堆产于土缝或寄主根际部位。

寄主

柳、国槐、花椒和鼠李等。

防治措施

1.人工清除群集为害的若虫。

2.使用高渗苯氧威、吡虫啉等药剂喷雾防治成虫和若虫。

成虫群集

| 绿盲蝽 | *Lygocoris lucorum* (Meyer-Dür) | 盲蝽科 | Miridae |

绿盲蝽又名绿后丽盲蝽、绿丽盲蝽，属半翅目盲蝽科，是一种刺吸类害虫。

特点

1.在枣树的不同生长期均可造成为害。枣树发芽期，受害芽褶皱，失绿，常密布黑色小点，为害严重时不能正常发芽展叶；嫩叶生长期，受害叶片常出现孔洞、裂

成虫

成虫

痕、皱缩，俗称"破叶疯"；花蕾期，受害花蕾停止生长发育，受害部位颜色由黄变黑，大量花蕾脱落；花期，受害花蕊、花瓣和花萼枯缩脱落；幼果期，受害幼果果面出现黑色坏死斑或青疗。

2.一年发生3～4代，以卵在枣树病残枝、剪口、多年生枣股、杂草和土缝等处越冬；4月下旬至5月上旬为越冬卵孵化盛期和最佳防治期。

3.成虫体长5 mm，可在多种寄主植物间转移为害；成虫、若虫白天潜伏，夜间取食为害。

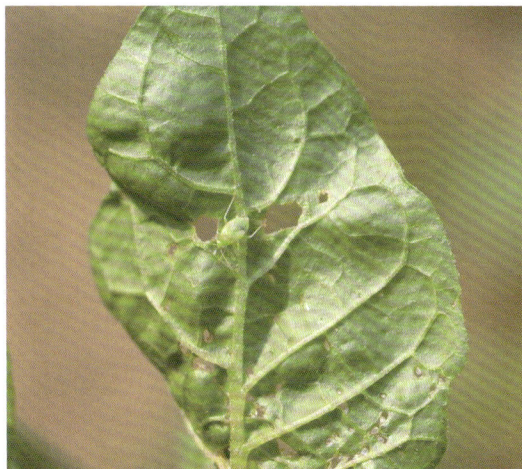
若虫为害状

寄主

果树、木槿、月季、棉花、紫薇和菊花等。

防治措施

1.秋冬季节（越冬卵孵化前），刮树皮消灭越冬虫卵，剪除"枯橛"；使用3～5°Bé石硫合剂喷雾防治。

2.早春越冬卵孵化后，使用乐斯本等药剂树冠喷雾防治，并在树干缠黏虫胶带防止落地成虫、若虫再次上树为害。

3.发生较重时，使用吡虫啉等树冠喷雾防治。

梨网蝽	*Stephanitis nashi* Esaki et Takeya	网蝽科	Tingidae

梨网蝽又名梨冠网蝽、梨花网蝽、梨军配虫，属半翅目网蝽科，是一种为害叶片的刺吸类害虫。

特点

1.主要以成虫、若虫群集在叶背主脉两侧刺吸为害，常造成受害叶片正面褪绿，背面有黑褐色虫粪和分泌物，使整个叶背呈锈黄色，严重发生时受害叶片提前脱落。

成虫

叶片正面受害状

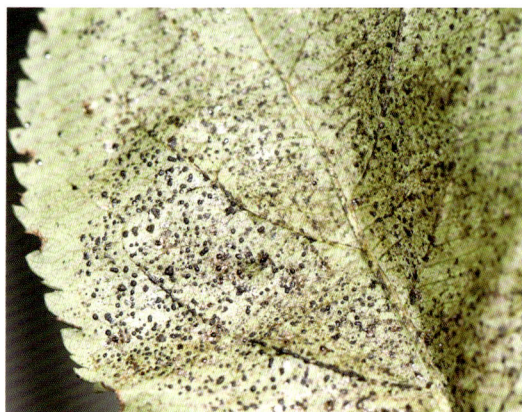

叶片背面受害状

2.一年发生4代，以成虫在枯枝落叶、翘皮缝、杂草及土石缝中越冬；梨树展叶时成虫开始活动；成虫多产卵于叶背叶脉两侧的叶肉内，产卵处附有黄褐色胶状物。

3.成虫体长约3.5 mm，扁平，翅上布满网状纹，静止状态翅上的黑褐色斑呈"X"形。

4.为害时间较长，7，8月为害最重；世代重叠严重。

寄主

海棠、梨、月季、腊梅、梅花、樱花、桑、泡桐、杨、桃和苹果等。

防治措施

1.及时清除枯枝落叶和杂草；树干绑草把、刮树皮、翻树盘消灭越冬成虫。

2.越冬成虫出蛰盛期和若虫孵化盛期，使用吡虫啉、除虫脲等喷雾防治。

3.保护利用梨盲蝽等天敌。

| 膜肩网蝽 | *Hegesidemus habrus* Drake | 网蝽科 | Tingidae |

膜肩网蝽又名娇膜肩网蝽，属半翅目网蝽科，主要以成虫、若虫刺吸叶片为害为主。

特点

1.成虫具有假死现象和群体短距离转移为害的习性；成虫、若虫具有群集为害的习性，常造成受害叶片变黑、卷曲和脱落。

成虫

2.一年发生3代，以成虫群集树洞、树皮缝隙、枯枝落叶和枝干上的干枯卷叶内越冬；次年4月中下旬（日平均气温在12 ℃以上时）越冬代成虫开始出蛰为害；第1代成虫于6月中旬出现，其后世代重叠；气温低于10 ℃时，成虫开始下树进入越冬状态。

3.成虫前翅有许多透明小室，浅黄白色，呈网状；成虫前翅长椭圆形，明显长过腹部末端；成虫静止状态下，两个前翅端部彼此重叠，呈"半圆形"，并具深褐色"X"形斑；雌成虫体长约3 mm，雄成虫体长2.8 mm，4龄若虫体长约2.2 mm。

4.卵多成行产于叶背主脉和侧脉两侧的叶肉内，外被黑色黏液覆盖。

5.林木郁闭度大、高温高湿环境和纯林发生较重。

柳叶受害状

杨树叶片正面受害状

叶片被面受害状

杨树片林受害状

寄主

杨和柳。

防治措施

1.营造植物种类多样化的林地和绿地。

2.刮除老粗树皮；清除树上、树下的枯枝落叶。

3.成虫、若虫发生期，使用吡虫啉等树冠喷雾防治。

4.保护利用寄生蜂、瓢虫等天敌。

悬铃木方翅网蝽	*Corythucha ciliata* Say	网蝽科	Tingidae

悬铃木方翅网蝽属半翅目网蝽科，是一种刺吸类害虫。2007年我国首次发现，2012年北京怀柔首次发现。

特点

1.成虫和若虫以刺吸叶片为害为主，受害叶片正面形成许多密集的白色斑点，叶背面出现锈色斑，影响树木光合作用，受害严重的树木，叶片枯黄脱落。可成群入侵办公场所和居民家中，干扰人们的正常工作和生活。传入到新发生地区，可形成较稳定的高密度种群。

2.一年发生2～5代或更多世代，以成虫在寄主树皮下或树皮裂缝内越冬。繁殖能力强，较耐寒。自然传播主要借助风力近距离传播，人为传播主要是由调运带虫的苗

成虫

成虫

木或带皮原木远距离传播。

3.虫体乳白色，在两翅基部隆起处的后方有褐色斑；体长3.2～3.7 mm，头兜发达，盔状，头兜的高度较中纵脊稍高；头兜、侧背板、中纵脊和前翅表面的网肋上密生小刺，侧背板和前翅外缘的刺列十分明显；前翅显著超过腹部末端，静止时前翅近长方形；后胸臭腺孔远离侧板外缘。

寄主

悬铃木、构树、山核桃、白蜡等。

防治措施

1.加强检疫除害处理，防止扩散蔓延。

2.秋季刮除树皮。

3.使用噻虫嗪、啶虫脒和吡虫啉喷雾防治。

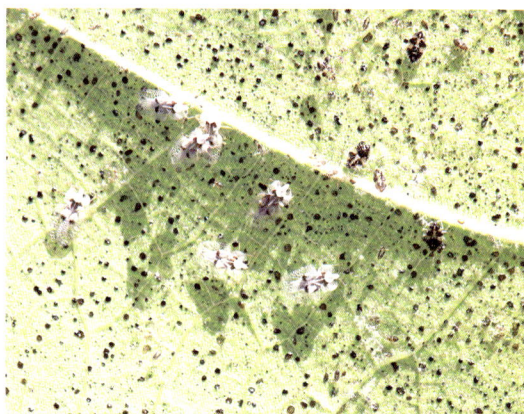

成虫

树冠受害状

| 大青叶蝉 | *Cicadella viridis* (Linnaeus) | 叶蝉科 | Cicadellidae |

大青叶蝉又名大绿浮尘子，属半翅目叶蝉科，是一种刺吸类害虫。

特点

1.卵多产于嫩枝皮层中，形成"月牙形"伤口；卵光滑，白色微黄，中间微弯曲，呈"香蕉"状。

2.一年发生3代，以卵在嫩枝皮层内越冬。

3.成虫体长8～10 mm，草绿色；头部黄褐色，头冠前半部两侧各有淡褐色弯曲横纹一组，两单眼之间有1对黑点；前翅深绿色，末端灰白色、半透明。

4.第1、2代主要为害农作物，第3代为害晚秋蔬菜和农作物，10月上旬转移到林木果树嫩梢上产卵越冬。

5.成虫趋光性强，昼夜均可活动取食，喜弹跳，较活跃。

寄主

杨、柳、榆、核桃、桃、苹果、梨、国槐、桑、臭椿、桧柏、法国梧桐、白蜡、泡桐和栎等。

成虫

成虫

防治措施

1.避免在林间和果园种植晚秋蔬菜。

2.秋季成虫产卵前，树干涂白防治；结合整形修剪，剪除带卵枝梢。

3.使用诱虫杀虫灯监测诱杀成虫。

4.若虫期，使用扑虱灵、乐斯本、吡虫啉等喷雾防治。

卵

黑蚱蝉	*Cryptotympana atrata* (Fabricius)	蝉科	Cicadidae

黑蚱蝉又名蚱蝉、知了，属半翅目 蝉科，是一种刺吸类害虫。

特点

成虫

1.成虫具群集性、群迁性，雄成虫善鸣，且群鸣；成虫在枝条髓心处产卵，造成受害枝条萎蔫、干枯；老熟若虫在雨后傍晚钻出地面，爬到树干及植物茎杆上蜕皮羽化。

2.4～5年发生1代，以若虫在土壤中或以卵在寄主枝条内越冬。若虫孵化后立即入土，在土壤中刺吸植物根系并为害多年。

3.成虫体长46～55 mm，黑色，有光泽，中胸背板宽大，中央有黄褐色"X"形隆起，翅透明；雄虫腹部发音器发达，雌虫腹末产卵器坚硬发达；老熟若虫体长33 mm。

寄主

苹果、梨、桃、杏、李、杨、柳、榆、泡桐、国槐、臭椿、法国梧桐、桑、元宝枫、玉兰、梅花、腊梅、碧桃和樱花等。

防治措施

1.人工剪除受害枝条。
2.人工捕杀刚出土的若虫或新羽化的成虫。

产卵刻槽

斑衣蜡蝉	*Lycorma delicatula* (White)	蜡蝉科	Fulgoridae

斑衣蜡蝉属半翅目蜡蝉科，俗称"花姑娘"，是一种刺吸类害虫。

特点

1.以若虫、成虫在叶背、嫩梢上刺吸汁液为害，导致萎缩、畸形或煤污病发生，影响植株的正常生长和发育。

2.一年发生1代，以卵在树干或附近建筑物上越冬；5月上旬为若虫孵化盛期，6月中下旬至7月上旬成虫羽化，活动为害至10月下旬；卵多产在树干向南部位或树枝分叉处，外覆土黄色蜡粉。

3.成虫体长14～22 mm，翅基部约2/3为淡褐色，布满黑点，外侧端部约1/3为深褐色，布满黑色细线条；后翅基部鲜红色，散布黑点，中部蓝色，端部黑色；初孵若虫白色，1～3龄若虫体黑色，体背散布白斑，4龄时体变红色，老熟若虫体长13 mm。

3.成虫、若虫均具有群集取食为害扰民的习性；若虫善跳跃。

寄主

臭椿、香椿、杨、柳、刺槐、女贞、榆树、地锦、珍珠梅和海棠等。

防治措施

1.结合冬季修剪，人工刮除越冬卵块。

刺吸类害虫

2.若虫孵化初期，使用吡虫啉、乐斯本等药剂喷雾防治。

成虫（示后翅基部鲜红色）

成虫

若虫

若虫

3龄若虫

4龄若虫

卵块

群集取食为害

| 槐豆木虱 | *Cyamophila willieti* (Wu) | 木虱科 | Psyllidae |

槐豆木虱又名国槐木虱、龙爪槐木虱，属半翅目木虱科，以成虫、若虫刺吸为害为主。

特点

1.成虫遇惊飞走，具有扰民的习性。

2.一年发生4代，以成虫在树皮缝和杂草上越冬，世代重叠较重。

3.若虫分泌物常诱发煤污病。

4.高温、干旱季节发生量大，进入雨季发生量减少。

5.成虫体长3.8～4.5 mm。浅绿至黄绿色、前翅透明，有主脉1条，3分支，外缘至后缘有黑色缘斑6个。若虫初孵化时体黄白色后变绿色。复眼红色。

成虫

寄主

国槐、龙爪槐等。

防治措施

1.若虫孵化和成虫羽化盛期，使用吡虫

啉、高渗苯氧威等喷雾防治。

2.保护利用瓢虫、草蛉等天敌。

为害状

为害状

| 梧桐木虱 | *Thysanogyna limbata* Enderlein | 木虱科 | Psyllidae |

梧桐木虱又名梧桐裂头木虱、青桐木虱，属半翅目木虱科，以成虫和若虫刺吸嫩枝、叶片汁液为害为主。

特点

1.若虫分泌蜡毛和黏液，蜡毛可随风飘散，黏液常诱发煤污病，并污染叶面和地面，易造成扰民。

为害状

为害状

2.一年发生2代，以卵在树皮缝内越冬，世代重叠；6月、8月为成虫发生期。

3.成虫黄绿色，头横宽，顶部纵向深裂，前翅无色透明，雌成虫体长5 mm，雄成虫体长4～4.5 mm；初孵若虫长方形，1和2龄若虫体长3.4～4.9 mm，老熟若虫长圆筒形，被覆较厚白色蜡质。

为害状

寄主

青桐、悬铃木和泡桐等。

防治措施

1.若虫孵化和成虫羽化盛期，使用吡虫啉、烟参碱或虫螨克星喷雾防治。
2.保护利用瓢虫、草蛉等天敌。

合欢羞木虱	*Acizzia jamatonica* (Kuwayama)	木虱科	Psyllidae

合欢羞木虱属半翅目木虱科，是一种刺吸类害虫。

特点

1.成虫善跳跃，飞翔能力强；成、若虫群集在新叶背面刺吸为害，若虫分泌白色蜡丝，虫口密度高时，叶背布满蜡丝，叶面和树下的灌木易诱发煤污病。

2.一年发生2代，以成虫在枯枝落叶内、杂草丛或土块内越冬。5月上旬至6月上旬、7月下旬至9月中旬分别是该虫第1，2代严重为害期。

3.成虫绿、黄绿、黄或褐色，体长2.3～2.7 mm，头胸等宽，前胸背板长方形，前翅痣长三角形。

寄主

合欢。

成虫

若虫

为害状

为害状

防治措施

1.冬季清理树下杂草和枯枝落叶。

2.使用吡虫啉、植物源类、扑虱灵等药剂喷雾防治若虫。

3.保护利用瓢虫和草蛉等天敌。

天敌——草蛉幼虫

| 黄栌丽木虱 | *Calophya rhois* (Loew) | 木虱科 | Psyllidae |

黄栌丽木虱属半翅目木虱科，是一种刺吸类害虫。

特点

1.成虫、若虫群集于当年生幼芽、嫩叶上刺吸汁液为害，可造成叶片皱缩；成虫活跃，可短距离飞行或跳跃，并具有假死性；卵产于叶背绒毛中、叶缘卷曲处或嫩梢上；若虫分泌蜡质，常诱发霉污病。

2.一年发生2代，以成虫在落叶内、杂草间和土块下越冬。该虫世代重叠，数量大，为害时间长，4～9月均有为害；6，7月为成虫高峰期。

3.成虫冬型褐色、夏型鲜黄色，体长约2 mm，头顶黑褐色，眼橘红色，前翅透

成虫

成虫

成虫

若虫

明；若虫复眼赭红色，腹黄色。

寄主

黄栌。

防治措施

1.林间悬挂黄色胶板监测诱杀成虫。
2.成虫产卵时或若虫发生期，使用扑虱灵、吡虫啉等药剂喷雾防治。
3.保护利用异色瓢虫和大草蛉等天敌。

黄栌受害状

桑木虱	*Anomoneura mori* Schwarz	木虱科	Psyllidae

桑木虱又名桑异脉木虱、白蜡、白丝虫、蜢子，属半翅目木虱科，是一种刺吸类害虫。

特点

1.成虫具群集性；以成虫、若虫刺吸芽叶为害，受害叶边缘向叶背卷缩呈筒状或耳朵状，受害叶片可诱发煤污病；若虫尾端有3～4束白色蜡丝，5龄若虫蜡丝可超过体长10倍，为害严重时白色蜡丝布满叶背。

2.一年发生1代，以成虫在树皮缝内越冬。翌年桑芽萌发时，越冬成虫出蛰交尾，卵产在尚未展开的叶片背面，4月上旬初孵若虫取食为害，5月上中旬成虫羽化；桑树夏伐后群集柏树为害。

3.成虫体初期绿色，渐变褐色，体长4.2～4.7 mm，5龄若虫体长约2.5 mm，成虫体形似蝉，复眼半球形，赤褐色，胸背隆起，具深黄纹数对，前翅半透明，具咖啡色班纹。

成虫

寄主

桑树、侧柏和桧柏等。

防治措施

1.避免桑柏混栽。

2.人工摘除卵叶和带有群集若虫的叶片。

3.卵孵化期，使用高渗苯氧威等药剂喷雾防治。

4.保护利用桑木虱啮小蜂、瓢虫和草蛉等天敌。

成虫

若虫

若虫及白色蜡丝

若虫及为害状

| 油松球蚜 | *Pineus laevis* Maskell | 球蚜科 | Adelgidae |

油松球蚜又名松球蚜，属半翅目球蚜科，是一种刺吸类害虫。

特点

1.初孵若虫喜在新梢，特别是在新梢顶部为害，影响新梢生长和针叶伸展；若虫分泌"棉絮状"白色蜡质，虫体隐藏其中。

2.一年发生1代，以无翅成蚜或少量若蚜在枝干皮缝内、针叶鞘内或新梢叶鳞片内覆以白色蜡质越冬。翌年春季继续为害，刺吸枝干汁液，5月初开始产卵，若虫孵化后固定在枝干的幼嫩部位刺吸汁液。

寄主

云杉、油松、雪松和华山松等。

防治措施

1.使用吡虫啉等药剂喷雾防治初孵若蚜。
2.保护利用红缘瓢虫、异色瓢虫和草蛉等天敌。

为害状

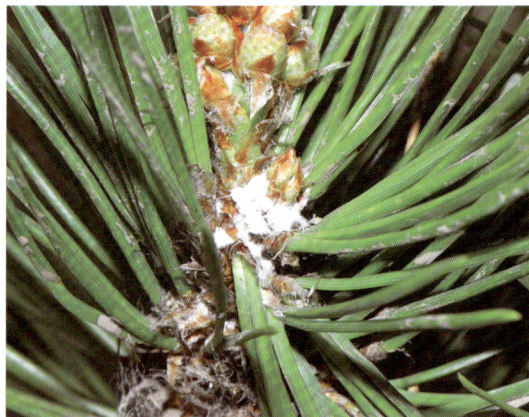

为害状

| 柏大蚜 | *Cinara tujafilina* (del Guercio) | 大蚜科 | Lachnidae |

柏大蚜又名柏长足大蚜，属半翅目大蚜科，是一种刺吸类害虫。

特点

1.以成蚜、若蚜刺吸幼嫩枝干汁液为害为主，常造成抽枝量减少，甚至枝梢枯萎；受害部位布满大量分泌物，枝条颜色变淡，生长不良，易诱发煤污病。

2.一年发生数代，主要以卵在柏叶上越冬，少数以无翅孤雌蚜在树皮缝和丛状枝背风处越冬。

3.有翅孤雌胎生蚜体长3～3.5 mm，头胸黑褐色，腹部红褐色；无翅孤雌胎生蚜体

无翅孤雌胎生蚜

卵

长3.7～4 mm，红褐色，被薄蜡粉，体背黑色斑点组成"八"字形条纹，腹末钝圆。

寄主

侧柏、圆柏和铅笔柏等。

防治措施

1.结合抚育管理，保持合理的栽植密度和通透性。
2.虫害发生初期，使用吡虫啉、烟碱•苦参碱、高渗苯氧威等树冠喷雾防治。
3.保护利用瓢虫、食蚜蝇等天敌。

| 居松长足大蚜 | *Cinara pinihabitans* (Mordvilko) | 大蚜科 | Lachnidae |

居松长足大蚜属半翅目大蚜科，是一种刺吸性枝梢害虫。

特点

1.以成虫、若虫刺吸嫩梢为害为主；常造成针叶出现黄红色斑，尖端变红；松针上蜜露明显，远处可见明显亮点；严重发生时出现枯针落针现象。
2.一年发生10余代，以卵在松针上越冬；5～6月、10月为害严重。
3.有翅孤雌蚜体长2.8～3 mm，黑褐色，翅膜质透明，前缘黑褐色；无翅孤雌蚜腹部散生黑色颗粒状物，被白蜡粉；若蚜体长1 mm。

无翅孤雌蚜

无翅孤雌蚜

无翅孤雌蚜

卵

寄主

油松、赤松和黑松等。

防治措施

1.秋末在主干上绑塑料薄膜，阻隔落地后爬向树冠产卵的成虫；冬季摘除带卵针叶。

2.为害盛期，使用吡虫啉、烟碱•苦参碱、高渗苯氧威等药剂喷雾防治。

3.保护利用瓢虫、螳螂、食蚜蝇、蚜茧蜂和草蛉等天敌。

为害状

| 栗大蚜 | *Lachnus tropicalis* (Van der Goot) | 大蚜科 | Lachnidae |

栗大蚜又名栗大黑蚜虫，属半翅目大蚜科，是一种刺吸类害虫。

特点

1.成虫、若虫群集为害新梢、嫩枝和叶片，常造成枝梢枯萎，果实不能成熟。

2.一年发生8～10代，多以受精卵在枝干表面、树皮裂缝、伤疤、树洞等背阴处密集排列成片越冬。翌年4月中旬，即板栗发芽时，越冬卵孵化出若蚜，并逐渐形成第1个为害高峰；5月上旬有翅孤雌蚜迁飞至栎树的枝、叶、花上为害；6月上旬至7月上旬蚜群增殖较快；8～9月聚集板栗树的栗苞、果梗上为害，形成第2个为害高峰；10月下旬至11月上旬产生性蚜。

3.无翅孤雌胎生蚜，体长3.1 mm，体黑色，有光泽，体表有微细网纹，密被长

成虫

成虫

成虫

成虫

毛，足细长，腹部肥大；有翅胎生雌蚜体长3.9 mm，体黑色，腹部色淡，翅脉黑色，前翅中部斜至后角有两个透明斑，前缘近顶角处有一透明斑。

寄主

板栗和栎等。

防治措施

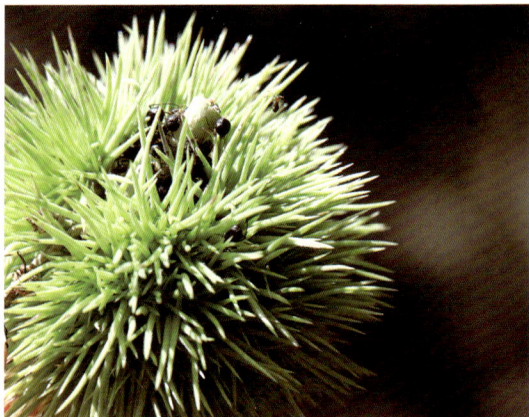

板栗受害状

1. 冬春刮除树皮上的越冬卵。
2. 使用吡虫啉等药剂喷雾防治初孵若虫。
3. 保护利用瓢虫、草蛉等天敌。

雪松长足大蚜	*Cinara cedri* Mimeur	大蚜科	Lachnidae

雪松长足大蚜属半翅目大蚜科，是一种刺吸类害虫。

特点

1. 孤雌世代与两性世代交替发生，多聚集在直径2.5～40 mm的雪松枝条上为害；常有大量蜜露滴落在受害树木下层的枝叶、地被植物或地面上；性蚜多在枝梢的针叶上产卵，2～8粒排列成行，偶尔将卵产在枝条上。

2. 8月下旬开始为害，11月中旬开始有翅雄蚜、有翅雌蚜和无翅性蚜（雌）混合发生。

3. 无翅孤雌蚜体长2.9～3.7 mm，体梨形，深铜褐色，腹部具漆黑色小斑点，体表被淡褐色纤毛和白色蜡粉，头顶中央两侧各有一纵沟；前胸背板两侧各有一斜置凹陷，呈"八"字形。

寄主

雪松。

防治措施

1.刮除小枝上的蚜虫，冬季摘除带卵针叶。

2.为害盛期，使用吡虫啉或烟碱•苦参碱喷雾防治。

3.保护利用瓢虫、草蛉、食蚜蝇等天敌。

无翅孤雌蚜

无翅孤雌蚜

群集蚜虫

为害状

| 杨白毛蚜 | *Chaitophorus populialbae* (Boyer de Fonscolombe) | 毛蚜科 | Chaitophoridae |

杨白毛蚜又名白毛蚜、毛白杨蚜虫，属半翅目毛蚜科，是一种刺吸类害虫。

特点

1.干母多在新叶背面为害；有翅孤雌胎生蚜在瘿螨为害形成的畸形叶处发生量大，分泌大量蜜露，常诱发煤污病。

2.一年发生10多代，以卵在芽腋、皮缝等处越冬。翌年春季杨树叶芽萌发时，越冬卵孵化为干母；5~6月产生有翅孤雌胎生蚜；10月产生性母，孤雌胎生蚜交尾产卵越冬。

有翅孤雌胎生蚜

干母和有翅孤雌胎生蚜

无翅孤雌胎生蚜

无翅孤雌胎生蚜

无翅孤雌胎生蚜

无翅孤雌胎生蚜

3.无翅孤雌胎生蚜体卵圆形，长约1.9 mm；白色至浅绿色，胸、腹部背面有多块深绿色斑块。有翅孤雌胎生蚜头、胸黑色，腹部深绿或绿色，背面有多条黑横斑；干母淡绿或深绿色，较有翅、无翅蚜略大。

无翅孤雌胎生蚜

寄主

毛白杨、银白杨、北京杨、大官杨和箭杆杨等。

防治措施

1.剪除受害严重的枝条并集中处理。

2.4月下旬至5月上旬，使用吡虫啉、高渗苯氧威等药剂喷雾防治。

3.保护利用异色瓢虫等天敌。

| 栾多态毛蚜 | *Periphyllus koelreuteriae* (Takahashi) | 毛蚜科 | Chaitophoridae |

栾多态毛蚜属半翅目毛蚜科，是一种刺吸类害虫。

特点

1.主要在受害树木的幼嫩部位和叶背刺吸为害，常造成嫩叶畸形或卷缩；严重发生时，受害枝叶和地面布满其分泌的蜜露，呈"油浸状"。

2.一年发生4代，以卵在树木芽苞附近、树皮伤疤、裂缝处越冬；早春芽苞开裂时，干母雌虫开始为害嫩枝、嫩叶，是全年的主要为害期，也是防治的关键期；4月下旬有翅蚜大量发生，10月雌雄交尾产卵，进入越冬态。

3.栾多态毛蚜具有无翅孤雌胎生蚜、有翅孤雌胎生蚜、干母、若蚜、雌性蚜和雄性蚜等多种虫态。无翅孤雌胎生蚜体长3 mm，有翅孤雌胎生蚜体长3.3 mm。

寄主

栾树、黄山栾等。

防治措施

1.秋季树干缠绕草绳，引诱雌性蚜产卵，并集中销毁。

2.早春树体萌动前，喷洒3～5°Bé石硫合剂喷雾防治越冬卵。

3.有翅蚜产生前，利用吡虫啉以及烟碱•苦参碱等植物源类药剂喷雾防治。

无翅孤雌胎生蚜及若蚜

有翅孤雌胎生蚜

有翅孤雌胎生蚜与无翅性母

为害状

| 秋四脉绵蚜 | *Tetraneura akinire* Sasaki | 瘿绵蚜科 | Pemphigidae |

秋四脉绵蚜属半翅目瘿绵蚜科，是一种刺吸类害虫。

特点

1.具有转主为害的习性，在榆树与禾本科植物间一年循环为害1次；第一寄主为榆树，第二寄主为小麦、狗尾草、玉米、高粱等禾本科植物；典型症状是在榆树叶片上形成虫瘿，初期绿色，后变为红色、褐色；为害高粱、玉米等禾本科植物的根部，常造成禾本科植物矮小、晚熟、减产。

2.一年发生近10代，以卵在榆树枝干裂缝等处越冬；4月下旬越冬卵孵化，爬至新萌发的榆树叶片上为害，并逐渐形成虫瘿，在虫瘿内繁殖后代，每个虫瘿内有蚜8～15头或更多；5月下旬至6月上旬，成虫向禾本科植物迁移，并在其根部繁殖为害；9月下旬开始，有翅性母迁回榆树枝干上产生性蚜，在枝干上交配产卵越冬。

3.无翅孤雌胎生蚜体长2.3 mm，卵圆形、淡黄色，被白蜡粉；有翅孤雌胎生蚜体长2 mm，长卵形、头胸黑色、腹部绿色；雌性蚜体长1.3 mm。

寄主

榆以及高粱、玉米和小麦等禾本科植物。

有翅孤雌胎生蚜

无翅孤雌胎生蚜

虫瘿

虫瘿

虫瘿

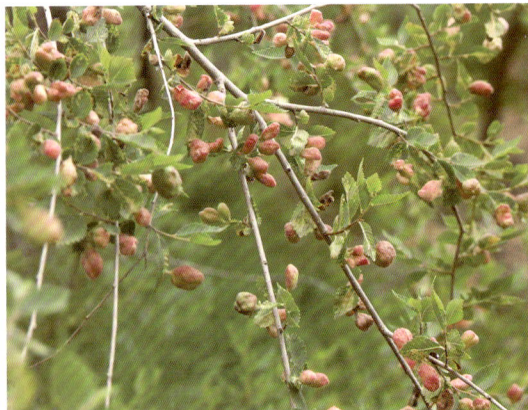

榆树叶片受害状

防治措施

1.初夏虫瘿未破裂前，及时摘除虫瘿，控制其扩散蔓延。

2.4月下旬卵孵化后至虫瘿形成前，使用吡虫啉对榆树进行喷雾防治。

3.9月下旬至10月上旬，有翅性母迁回榆树后，使用吡虫啉对榆树枝干进行喷雾防治，每7～10天喷一次，连喷2次。

4.夏季成虫向禾本科植物迁移前，清除榆树周围禾本科杂草植物，或用吡虫啉对榆树周边的禾本科杂草植物进行喷雾防治。

5.保护利用瓢虫、食蚜蝇等天敌。

| 杨枝瘿绵蚜 | *Pemphigus immunis* Buckton | 瘿绵蚜科 | Pemphigidae |

杨枝瘿绵蚜属半翅目瘿绵蚜科，是一种刺吸类害虫。

特点

1.春季在幼枝基部形成梨形虫瘿，有原生开口，第二年虫瘿变硬。

2.有翅孤雌胎生蚜体长约2.3 mm，长卵形，灰绿色，被白粉；触角6节，第5节感觉圈大长方形，有若干卵形体构造；前翅4斜脉，中脉不分叉；后翅斜脉2条；第1～5腹节各有1对背中蜡线，第8腹节中蜡片1对，且相融合为横带状；蜡孔卵圆形；腹管环状，尾片盔形，腹板末端圆形。

寄主

小叶杨。

防治措施

1.冬初向寄主植物喷施3～5°Bé石硫合剂。

2.早春在虫瘿形成前向嫩枝、嫩叶喷施吡虫啉。

3.人工剪除虫瘿并处理。

4.保护瓢虫、草蛉、食蚜蝇、蚜茧蜂等天敌。

往年受害状

| 桃粉大尾蚜
（桃瘤头蚜、桃蚜） | *Hyalopterus amygdali*
(Blanchard) | 蚜科 | Aphididae |

桃粉大尾蚜、桃瘤头蚜和桃蚜属半翅目蚜科，均是刺吸类害虫。

特点

1.桃粉大尾蚜受害叶片边缘向背面纵卷，叶片上有一层油状排泄物；桃瘤头蚜受害叶片向背面纵卷、肿胀、扭曲为长形瘤状的红色伪虫瘿，严重发生时，全叶卷成绳状或皱缩成团；桃蚜受害的叶片不规则卷曲或向反面横卷，有油状液体。

2.一年发生10多代，以卵在枝梢、芽腋、树皮裂缝等处越冬；5～7月为害严重，

有翅孤雌胎生桃蚜

无翅孤雌胎生桃蚜与若蚜

并陆续迁飞到花卉、蔬菜和农作物等禾本科植物上为害；9～10月又迁回到碧桃等树木上为害，并交配、产卵、越冬。

3.桃粉大尾蚜体表有一层白粉；桃瘤头蚜有瘤状突起和黑色斑纹；桃蚜腹管黑色或绿色。

4.每年在碧桃等树木与禾本科植物间循环为害一次。

寄主

碧桃、山桃、榆叶梅、樱花、李和梨等。

防治措施

1.轻度发生，可用清水冲洗受害芽、嫩叶和叶片，并结合修剪，剪除有虫枝条。

2.冬季或早春树木发芽前，枝干喷施3～5°Bé石硫合剂等枝干喷雾防治。

3.越冬卵孵化后，使用吡虫啉喷雾防治。

孤雌胎生桃粉大尾蚜与若蚜

桃瘤头蚜为害状

桃粉大尾蚜为害状

桃粉大尾蚜与桃瘤头蚜混合发生为害状

刺吸类害虫

4.保护利用瓢虫、食蚜蝇、草蛉、蚜茧蜂和蚜小峰等天敌

桃瘤头蚜为害状

桃蚜为害状

桃瘤头蚜为害状

桃蚜为害状

月季长管蚜	*Macrosiphum rosivorum* Zhang	蚜科	Aphididae

月季长管蚜属半翅目蚜科，是一种刺吸类害虫。

特点

1.成、若蚜群集于新梢、嫩叶、花梗及花蕾上刺吸汁液，使新梢伸展和发育受到抑制，开花不正常，其分泌物常引起煤污病。

2.一年发生10余代，以卵在寄主叶芽和枝上越冬。春初越冬卵在寄主新梢孵化、吸食和繁殖，经2～3代后开始出现有翅孤雌胎生雌蚜，虫口密度逐渐上升，5月进入

第1次繁殖和为害高峰期，夏季高温季节虫口密度下降，夏末秋初再次上升，进入第2次繁殖高峰期。

3.无翅孤雌胎生雌蚜体长约4.2 mm，腹管长圆筒形，长达尾端。有翅孤雌胎生雌蚜体长约3.5 mm，草绿色，中胸土黄色，腹管黑至深褐色，略超过尾端。

寄主

月季、黄刺玫、蔷薇等。

防治措施

1.合理修剪，保持通风透光。虫量不多时可喷清水冲洗。

2.卵孵化初期，使用烟碱•苦参碱或吡虫啉喷雾防治。

3.居室内盆花，使用中性洗衣粉200倍液叶片喷雾防治。

4.冬季，使用3～5°Bé石硫合剂喷雾防治。

有翅孤雌胎生蚜与无翅孤雌胎生蚜

无翅孤雌胎生蚜

无翅孤雌胎生蚜

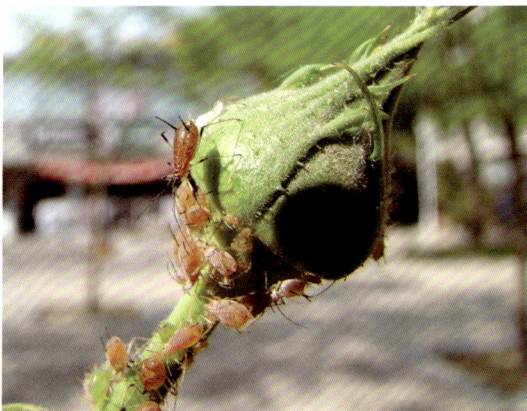

无翅孤雌胎生蚜

| 槐 蚜 | *Aphis sophoricola* Zhang | 蚜科 | Aphididae |

槐蚜又名中国槐蚜，属半翅目蚜科，是一种刺吸类害虫。

特点

1.以为害槐树嫩叶、嫩梢和豆荚为主；虫体盖满槐树嫩梢、豆荚，常造成枝梢节间变短，幼叶生长停滞。

2.一年发生20余代，以无翅胎生雌蚜在地丁、苜蓿等杂草上越冬；3～4月在越冬杂草上大量繁殖，5月上旬迁飞至槐树上为害，5～6月为害严重，9月下旬迁回杂草越冬。

3.无翅孤雌胎生蚜体长2 mm，卵圆形，黑褐色，被白粉，中胸背斑明显，腹部仅部分（1/10）被黑斑覆盖；有翅孤雌胎生蚜体长1.6 mm，长卵形，黑褐色，被白粉。

寄主

国槐。

防治措施

1.5月上旬剪除受害严重的枝条，或用清水冲洗；清除树冠下的杂草，消灭越冬虫源。

2.有翅蚜产生前，使用吡虫啉等药剂根茎部和树冠下的杂草上喷雾防治。

3.严重发生期，使用吡虫啉、烟碱•苦参碱等喷雾防治。

4.保护利用瓢虫、草蛉、小花蝽等天敌。

有翅孤雌胎生蚜

有翅孤雌胎生蚜

槐豆受害状

槐蚜为害状

| 刺槐蚜 | *Aphis robiniae* Macchiati | 蚜科 | Aphididae |

刺槐蚜属半翅目蚜科，是一种刺吸类害虫。

特点

1.以成虫、若虫群集新梢吸食汁液为害，常引起新梢弯曲，嫩叶卷缩，枝条生长受阻，其分泌物常引起煤污病。

2.一年发生20余代，主要以无翅孤雌蚜、若蚜在背风、向阳处的地丁、野苜蓿、野豌豆等植物的心叶及根茎交界处越冬；3~4月在杂草等寄主上大量繁殖，4月中下旬产生有翅胎生雌蚜，刺槐初花期（5月上旬）迁飞至刺槐上繁殖为害。

3.无翅孤雌胎生蚜体长约2 mm，卵圆形，体漆黑或黑褐色，有光泽；有翅孤雌胎

有翅孤雌胎生蚜与若蚜

无翅孤雌胎生蚜与若蚜

生蚜体长2 mm，长卵圆形，黑色，光滑，翅灰白色，透明。

4.干旱少雨发生严重，高温高湿发生较轻。

寄主

刺槐和紫穗槐等。

防治措施

1.5月上旬剪除受害严重的枝条，或用清水冲洗；清除树冠下的杂草，消灭越冬虫源。

2.有翅胎生雌蚜产生前，使用吡虫啉等药剂在根茎部和树冠下的杂草上喷雾防治。

3.严重发生期，使用吡虫啉、烟碱•苦参碱等喷雾防治。

4.保护利用瓢虫、草蛉、小花蝽等天敌。

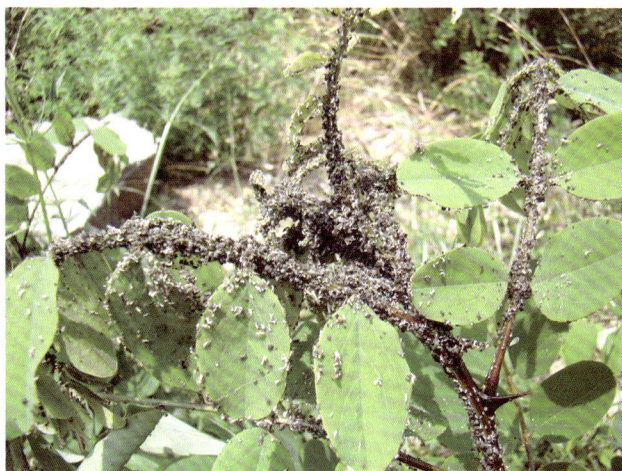

为害状

| 黄 蚜 | *Aphis citricola* van der Goot | 蚜科 | Aphididae |

黄蚜又名苹果黄蚜、绣线菊蚜，属半翅目蚜科，是一种刺吸类害虫。

特点

1.群集为害幼芽、嫩梢、嫩叶背面及幼果；受害叶片常向下弯曲或横向卷缩，叶片常呈现褪绿斑点。

2.一年发生10余代，以卵在寄主枝条裂缝、芽苞附近越冬；3月越冬卵孵化，4月下旬至6月中旬为发生盛期，11月产卵越冬。

3.无翅孤雌胎生蚜体长1.7 mm，黄色或黄绿色，腹管、尾片黑色；有翅孤雌胎生蚜体长1.7 mm，头、胸部黑色，腹部黄色或黄绿色，腹管、尾片黑色。

寄主

苹果、海棠、梨、山楂、樱花、榆叶梅和绣线菊等。

防治措施

1.寄主植物发芽前，剪除带卵枝条并使用3～5°Bé石硫合剂枝干喷雾防治，杀灭越冬卵。

2.春季越冬卵孵化初期或秋季蚜虫产卵前，使用吡虫啉等喷雾防治。

3.保护利用瓢虫、草蛉、食蚜蝇等天敌。

有翅孤雌胎生蚜

无翅孤雌胎生蚜

为害状

为害状

刺吸类害虫

为害状

为害状

| 柿树白毡蚧 | *Asiacornococcus kaki* (Kuwana) | 毡蚧科 | Eriococcidae |

柿树白毡蚧又名柿白毡蚧、柿棉蚧、柿绒蚧、柿毡蚧、柿毛毡蚧，属半翅目毡蚧科，是一种刺吸类害虫。

特点

1.主要为害嫩枝、幼叶和果实；若虫和成虫多群集在柿蒂与果实的缝隙处为害；果大、汁多、皮薄的柿树品种发生较重。

2.一年发生4代，以若虫在2，3年生枝条皮层裂缝、粗皮下和柿蒂上越冬；柿树发芽展叶后，爬至嫩芽、新梢、叶柄和叶背为害，后多固着在果实表面为害。

3.成虫、若虫和卵均为紫红色。雌成虫体长1.5～2.5 mm，雄成虫体长1～1.2 mm。

寄主

柿、法国梧桐和桑等。

防治措施

1.加强栽培管理：寄主休眠期，刮除老粗树皮，剪除柿蒂，消灭越冬若虫。

2.柿树发芽前，喷洒3～5°Bé石硫合剂，杀灭越冬若虫；越冬若虫尚未形成蜡壳前（柿树展叶至开花前）和各代卵孵化盛期，使用吡虫啉、扑虱灵等喷雾防治。

3.保护利用黑缘红瓢虫、红点唇瓢虫等天敌。

越冬若虫

越冬若虫

果实受害状

柿树白毡蚧被蜡状

石榴囊毡蚧	*Eriococcus lagerostroemiae* Kuwana	毡蚧科	Eriococcidae

石榴囊毡蚧又名紫薇绒蚧，属半翅目毡蚧科，是一种寄主广泛的刺吸类害虫。

特点

1.若虫、雌成虫在枝干和芽腋等处寄生为害；虫口密度较大时可引起受害枝叶发黑，叶片早落或枝条枯死；排泄物常诱发煤污病。

2.一年发生2代，以幼龄若虫在树皮裂缝或空蜡囊内越冬；4月上旬，越冬若虫开始活动，6月上旬为产卵盛期；6月中旬、8月中旬至9月上旬是若虫孵化盛期。

3.雌成虫体长3 mm，扁平，椭圆形或长卵圆形，暗紫或深紫红色；雄成虫体长1.2 mm；初孵若虫体长0.5 mm，过冬若虫体长1 mm；老熟若虫外覆有白色毡状蜡层，呈"袋状"，外观如白色米粒，长2～3 mm。

寄主

紫薇、石榴、女贞、柿树、扁担木和叶底珠等。

防治措施

1.结合整形修剪，人工清除各虫态石榴囊毡蚧。
2.早春花木萌芽前，喷洒3～5°Bé石硫合剂，消灭越冬代若虫。
3.初孵若虫期，使用高渗苯氧威、吡虫啉等喷雾防治。

未受精的雌成虫

未被蜡粉的若虫

卵囊及卵

为害状

为害状

| 日本龟蜡蚧 | *Ceroplastes japonicus* Green | 蚧科 | Coccidae |

日本龟蜡蚧又名日本蜡蚧、龟蜡蚧、枣龟蜡蚧，属半翅目蚧科，是一种刺吸类害虫。

特点

1.若虫、雌成虫刺吸枝叶为害，排泄蜜露常诱发煤污病。

2.一年发生1代，以受精雌成虫在枝条上越冬。5月下旬至7月上旬为越冬代雌成虫产卵期；6月中旬至8月上旬为若虫期；羽化后的雌成虫在叶片上为害到8月中旬，后逐渐回枝，10月上旬回枝基本结束并进入越冬状态。

3.雄成虫体长约1.3 mm，红褐色，蜡壳星芒状，中间为一长椭圆形突起的蜡板，周缘有大蜡角13个；雌成虫壳长3~4.5 mm，高约1 mm，红褐色。

雌若虫

寄主

枣、柿树、柳、苹果、桑、杨、悬铃木、蔷薇、玫瑰、玉兰、梅、女贞、海棠、石榴、黄杨、广玉兰、天竺葵和芍药等。

防治措施

1.及时剪除过密枝和虫枝。

2.寄主休眠期，枝干喷洒3~5°Bé石硫合剂，防治越冬成虫。

3.使用高渗苯氧威、吡虫啉等药剂喷雾防治初孵若虫。

4.保护利用黑盔蚧长盾金小蜂、蜡蚧褐腰啮小蜂、日本食蚧蚜小蜂、红点唇瓢虫、黑背唇瓢虫和黑缘红瓢虫等天敌。

雄若虫

雌若虫被寄生

若虫

若虫腹面

| 白蜡蚧 | *Ericerus pela* (Chavannes) | 蚧科 | Coccidae |

白蜡蚧又名白蜡虫、中国白蜡蚧，属半翅目蚧科，是一种刺吸性枝干害虫。

特点

1.雌若虫多分散为害；雄若虫有群集为害的习性，常固着在寄主枝条上为害，并分泌大量白色蜡质，包裹枝条，形成"鸡腿枝"。

2.一年发生1代，以受精的雌成虫在枝条上越冬，3月中下旬雌成虫恢复取食活动，4月上旬至5月上中旬为若虫发生期，7月下旬至8月下旬为成虫发生期。

3.雌成虫受精前背部隆起，受精后虫体膨胀呈半球形，外壳较坚硬，红褐色。

4.连续高温干旱或降雨，若虫死亡率高；秋季连续降雨，雌虫死亡率高。

5.雌成虫体长10 mm，高7～8 mm，雄成虫体长2 mm；2龄雌若虫体长1 mm，2龄雄若虫体长0.8 mm。

寄主

女贞、白蜡、漆树和木槿等。

防治措施

1.合理整形修剪，剪除虫口密度较大的枝条和过密枝。

2.冬季或早春树木发芽前，使用3～5°Bé石硫合剂喷雾防治；蜡质形成前，使用速蚧克、吡虫啉等喷雾防治。

3.保护利用白蜡蚧长角象、跳小蜂和瓢虫等天敌。

雌成虫

雌成虫及雄若虫为害状

为害状

为害状

| 草履蚧 | *Drosicha corpulenta* (Kuwana) | 绵蚧科 | Monophlebidae |

草履蚧又名日本履绵蚧、草鞋蚧，属半翅目绵蚧科，是北京地区出蛰为害最早的刺吸类害虫。

特点

1.雌成虫体长10 mm，无翅，呈"草鞋状"，体被白色蜡粉；雄成虫体长5～6 mm；若虫体长2 mm。

2.一年发生1代，以卵在卵囊内，极个别以1龄若虫在砖瓦石缝、土块和杂草根部越冬；1月中下旬若虫出蛰爬行上树，4月上中旬雄若虫下树化蛹，6月上旬雌成虫下树产卵。

3.以若虫和雌成虫在枝干，特别是嫩梢上刺吸为害。

4.虫口密度大时，常爬满枝干、地面、墙壁等处，严重扰民。

寄主

核桃、柿子、香椿、臭椿、柳、杨、白蜡、板栗和泡桐等。

防治措施

1.若虫上树前，在树干胸径处围环阻止其上树，并定期清除。

2.成虫下树前，在受害树干周围挖沟填草，诱集成虫产卵并销毁；使用高效氯氰菊酯树干喷药环防治。

3.若虫上树后，使用吡虫啉和高渗苯氧威等枝干喷雾防治。

4.若虫期，引进、保护红环瓢虫等天敌防治。

雌成虫与雄成虫

出土后群集的若虫

若虫群集枝条取食状

| 日本纽绵蚧 | *Takahashia japonica* (Cockerell) | 绵蚧科 | Monophlebidae |

日本纽绵蚧属半翅目绵蚧科，是一种刺吸性枝干害虫。

特点

1.以若虫和雌成虫刺吸枝干汁液为害为主，影响植物正常开花和生长，甚至造成枝梢枯死；卵囊白色呈"U"形纽曲排列。

2.一年发生1代，以受精雌成虫在枝条上越冬；3月末雌成虫开始活动为害，5月上旬出现白色卵囊，卵囊可达17 mm，6月上旬为卵孵化盛期。

3.雌成虫长3～7 mm，体背具有红褐色纵脊，边缘褶皱明显。

4.若虫孵化数小时后，即可在2～3年生枝条和叶脉上为害。

寄主

桑、合欢、三角枫、国槐、刺槐、核桃、榆、朴、腊梅和女贞等。

防治措施

1.加强养护管理，剪除过密枝条；冬季或产卵期剪除带虫枝条；虫口密度较低或低龄若虫期，可用清水冲洗防治。

2.若虫发生盛期，使用高渗苯氧威、吡虫啉、速扑杀等药剂喷雾防治。

3.保护利用红点唇瓢虫、草蛉、寄生蜂等天敌。

卵囊

雌成虫

卵囊

水木坚蚧	*Parthenolecanium corni* (Bouche)	蚧 科	Coccidae

水木坚蚧又名扁平球坚蚧、远东盔蚧、刺槐蚧，属半翅目蚧科，是一种刺吸性枝干害虫。

特点

1.多发生分布在树冠中下部；排泄物常诱发煤污病。

2.一年发生3代，以若虫在树皮裂缝或嫩枝阴面芽鳞处越冬。

3.雌成虫体长3～6.5mm头盔状，红褐色；雄成虫体长1.2～1.5mm；若虫扁平椭圆形，1龄若虫体长0.5mm。

4.平均气温19.5～23.4℃，平均相对湿度41～50％时，有利于卵孵化。

寄主

国槐、白蜡、紫穗槐、卫矛、榆、核桃和柳等。

防治措施

1.加强检疫，防止水木坚蚧随苗木远距离传播和进入绿化造林地。

2.初冬或早春，使用3～5°Bé石硫合剂防治越冬害虫。

3.若虫分泌蜡质前，使用蚧螨灵和吡虫啉喷雾防治。

雌成虫

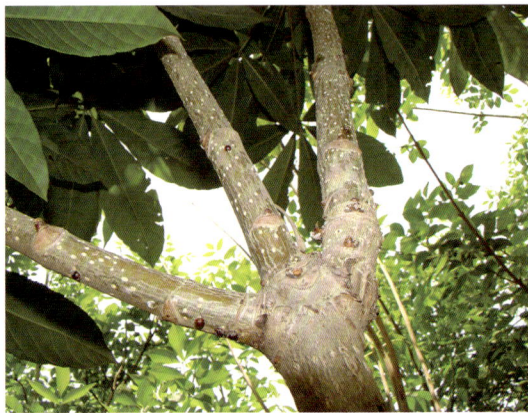

为害状

刺吸类害虫

枣大球蚧	*Eulecanium gigantea* (Shinji)	蚧 科	Coccidae

枣大球蚧又名枣大球坚蚧、瘤坚大球蚧，属半翅目蚧科，是一种刺吸类害虫。

特点

1.主要以雌成虫、若虫在枝干上刺吸为害；1龄若虫可做短距离爬行或借助风力扩散，也可通过苗木、带虫植物或带皮原木等做远距离传播；林缘重于林内，迎风坡重于平地、背风坡，树冠下层重于中上层，树皮较光滑的枝条上发生较多。

2.一年发生1代，以若虫在枝干上越冬。3月下旬柳芽吐绿时若虫开始活动，4月中旬雌体迅速膨大，密集在枝条上，5月下旬为若虫孵化盛期。

3.雌蚧壳长18～19 mm，高14 mm，半球形，带有整齐的紫褐色斑；雄成虫体长约2 mm，腹末针状，两侧各有白色长蜡丝1根，其长度约是体长的1.6倍；卵孵化前紫

雌成虫

雌成虫

成虫

剥开的蚧壳

红色，有白色蜡粉。

寄主

枣、栾树、国槐、刺槐、紫穗槐、杨、柳、榆、栎、栗、槭、紫叶李、玫瑰、紫薇、樱桃、核桃和苹果等。

防治措施

1.加强检疫，防止随苗木、接穗等扩散蔓延。
2.结合人工修剪，剪除虫量较多的枝条。
3.使用吡虫啉、石硫合剂等药剂喷雾防治初孵若虫。
4.保护利用斑翅食蚧蚜小蜂、球蚧花角跳小蜂、北京举肢蛾和瓢虫等天敌。

朝鲜褐球蚧	*Rhodococcus sariuoni* Borchsenius	蚧 科	Coccidae

朝鲜褐球蚧又名沙里院褐球蚧、樱桃朝球蚧、苹果褐球蚧，属半翅目蚧科，是一种刺吸类害虫。

特点

1.一年发生1代，以2龄若虫在寄主柔嫩枝条上固定并刺吸汁液越冬。春季寄主植物萌芽时开始为害枝干，4月下旬至5月上中旬成虫羽化，雄成虫极少，孤雌卵生。5月下旬若虫开始孵化，分散至叶背面吸食汁液，在枝叶茂盛处叶面也可见到，受害

雌成虫

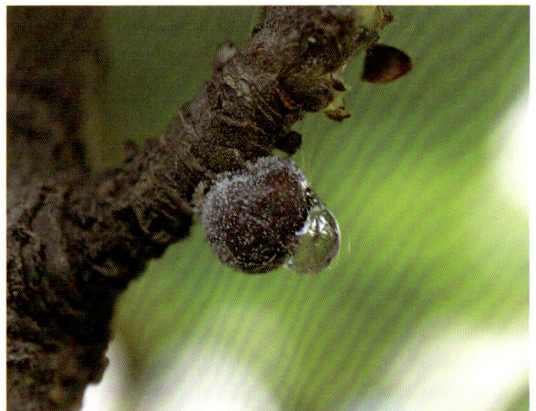

孕卵雌成虫泌露

叶因分泌黏液呈现油珠状的亮光，可引起煤污病菌的寄生，有如煤烟物质覆盖表面。若虫生长极缓慢，10月落叶前转移到枝条上固定越冬。

2.雌成虫体前期呈卵形，赭红色。产卵后死体球形，长、宽约4 mm，高3～4 mm，褐或亮褐色，缘毛细长。雄成虫体长约2 mm，淡棕红色，中胸盾片黑色，翅展约5.5 mm；触角丝状。

若虫初孵椭圆形，长约0.5 mm，橘红色；2龄若虫体长椭圆形，长约1 mm，体淡黄白色，扁平，背面覆盖半透明蜡壳，壳面有横纹9条。

蛹体长椭圆形，长约2 mm，淡褐色。

茧长椭圆形，蜡质，毛玻璃状。

寄主

苹果、梨、桃、樱及绣线菊等。

雌成虫

防治措施

1. 若虫活动盛期，向干枝喷洒蚧螨灵、速克灭、吡虫啉等药剂喷雾防治。
2. 虫量较少时，用麻布刷、钢丝刷等工具刷去虫体。
3. 初冬或早春向树体喷洒3～5°Bé石硫合剂，杀灭越冬虫体。
4. 保护瓢虫、跳小蜂等天敌。

朝鲜毛球蚧	*Didesmococcus koreanus* Borchsenius	蚧科	Coccidae

朝鲜毛球蚧又名朝鲜球坚蚧、桃球坚蚧，属半翅目蚧科，是一种刺吸类害虫。

特点

1.雌成虫体长4.5 mm，呈球状或龟甲状，上面覆盖蜡质；雄成虫体长1.5 mm；若虫、卵被附白色蜡粉，若虫体长0.5 mm。

2.一年发生1代，以若虫在枝条上越冬。

3.排泄物常诱发煤污病。

寄主

杏、桃、李、梅和樱桃等。

防治措施

1.树木休眠期，枝干喷洒3～5°Bé石硫合剂防治越冬若虫。

2.蜡质形成前或若虫活动盛期，使用95％蚧螨灵、吡虫啉等枝干喷雾防治。

3.保护利用跳小蜂、黑缘红瓢虫等天敌。

雌成虫

雌成虫

为害状

| 桑白盾蚧 | *Pseudaulacaspis pentagona* (Targioni-Tozzetti) | 盾蚧科 | Diaspididae |

桑白盾蚧又名桑白蚧、桑介壳虫、桃白蚧，属半翅目盾蚧科，是一种食性较杂的刺吸性枝干害虫。

特点

1.成虫、若虫群集枝干刺吸为害，严重时介壳重叠三四层，受害枝干呈一片白色。

2.一年发生2代，以受精雌成虫在枝干上越冬，第二年4月下旬产卵，5月上中旬若虫孵化。

3.可随苗木、新伐枝等做远距离传播。

4.通风不良、管理粗放的林木发生较重。

5.雌蚧壳近圆形或卵形，直径2～2.5 mm，白或灰白色，壳点黄褐色，偏生介壳

雌成虫

蜡壳下的雌成虫

蚧壳重叠

为害状

一侧。雄蚧壳长1mm，白色。

寄主

桑、桃、核桃、柳、国槐、香椿、丁香、苹果、枣、泡桐、梨、李、杏、悬铃木、樱桃、柿树、板栗、银杏、大叶黄杨、合欢、枫和女贞等。

防治措施

1.加强抚育管理，防止桑白盾蚧随寄主植物传播蔓延。

2.寄主休眠期，枝干喷洒3～5°Bé石硫合剂或刷除枝干上的越冬雌成虫。

3.若虫孵化盛期，使用蚧螨灵、吡虫啉喷雾防治。

4.及时剪除受害严重的枝条。

5.保护利用桑蚧寡节小蜂、黑缘红瓢虫、草蛉等天敌。

为害状

| 梨圆蚧 | *Quadraspidiotus perniciosus* (Comstock) | 盾蚧科 | Diaspididae |

梨圆蚧又名梨笠圆盾蚧、梨齿盾蚧，属半翅目盾蚧科，是一种刺吸类害虫，是北京市补充林业检疫性有害生物。

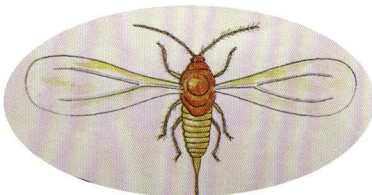

雄成虫示意图

雌成虫介壳及虫体

刺吸类害虫

特点

1.成虫及若虫群集于寄主枝、干、叶及果实上吸食汁液为害。连续为害后，常造成树势衰弱，发芽晚，枝干纵裂、坏死，甚至枝条或整株死亡。果实受害后，常出现萎缩，表面呈现紫红色、黑褐色斑点，形成凹陷、龟裂，使果实等级降低或丧失经济价值。

2.雌介壳斗笠形，直径0.7～1.7 mm，蟹青色至灰白色，中央隆起处从内向外为灰白色、黑色、灰黄色3个同心圆，隆起处的壳亦有暗色轮纹。 雌成虫心脏形，长0.8～1.4 mm，乳黄至鲜黄色，全体膜质。

夏季型雄介壳长圆形，灰白色，一端隆起，一端扁平，长0.75～0.95 mm，宽0.35～0.5 mm。冬季型雄介壳为圆形。雄成虫体长0.6～0.8 mm，宽0.25 mm，具1对翅，膜质半透明，有1条简单分叉的翅脉，翅展1.3 mm。

3.梨树上一年发生2代，苹果树上一年发生3代，以2龄若虫和受精雌成虫在枝条、主枝和树干上越冬。5月～10月为各代若虫孵化期。

寄主

梨、苹果、柿、桃、山楂、樱桃、柑橘、葡萄、枣、杨、李、柳等。

防治措施

1.加强养护管理，通风透光，增强树势。

2.生长期用吡虫啉喷雾，或用清源保、苦参碱等生物药剂防治；或喷施

为害状

苹果受害状

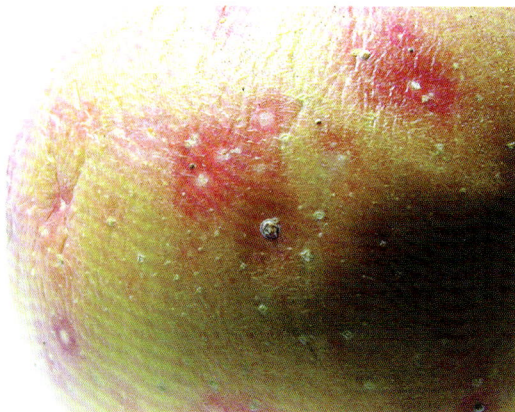
苹果受害状

刺吸类害虫

300倍中性洗衣粉。

3.果树休眠期，喷3～5°Bé石硫合剂、蚧螨灵或敌死虫。

4.保护天敌，如草蛉、七星瓢虫等。

5.加强检疫，防止扩散。

| 山楂叶螨 | *Tetranychus viennensis* Zacher | 叶螨科 | Tetranychidae |

山楂叶螨又名山楂红蜘蛛，属蜱螨目叶螨科，是一种叶部刺吸类害螨。

特点

1.个体微小，常群集在芽、叶片及花蕾处刺吸为害并吐丝结网，造成芽不能正常萌发，叶片失绿，花蕾变黑、干枯；严重发生时，叶片焦枯脱落，常造成二次发芽开花，削弱树势。

2.一年发生6～7代，以受精雌成虫在树皮裂缝、树干基部土缝中、杂草或落叶层中越冬；4月越冬螨开始活动；7～8月为害严重；高温、干旱和通风不畅有利于其发生。

3.雌成螨红色，冬型体长0.4 mm，夏型体长0.6 mm；雄成螨橙黄或浅绿色，体长0.4 mm；幼螨体长0.18 mm，若螨体长0.32 mm。

寄主

山楂、杨、柳、木槿、榆叶梅、樱花、海棠和碧桃等。

成螨

成螨及卵

防治措施

1.春季刮除老翘树皮；翻树盘，清除枯枝落叶和杂草，消灭越冬螨；雌成螨越冬前，树干绑草诱集，早春取下集中烧毁。

2.早春花木发芽前，使用3～5°Bé石硫合剂等喷雾防治。

3.发生为害期，使用螨死净等喷雾防治。

4.保护利用草蛉、瓢虫等天敌。

为害状

| 朱砂叶螨 | *Tetranychus cinnabarinus* (Boisduval) | 叶螨科 | Tetranychidae |

朱砂叶螨又名棉红蜘蛛、红叶螨，属真螨目叶螨科，是一种刺吸类害螨。

特点

1.主要以成螨、幼螨、若螨群集在叶背刺吸为害，严重发生时，叶片布满白色小点，并造成大量叶片枯黄、脱落；成螨、若螨具有吐丝拉网的习性；卵多产于叶背叶脉两侧或较密的丝网下。

2.一年发生10余代，以受精雌成螨在土缝、树皮裂缝等处群集越冬。翌年春季旬平均气温7 ℃以上时开始为害繁殖；高温、干热、通风不畅有利于其发生，气温

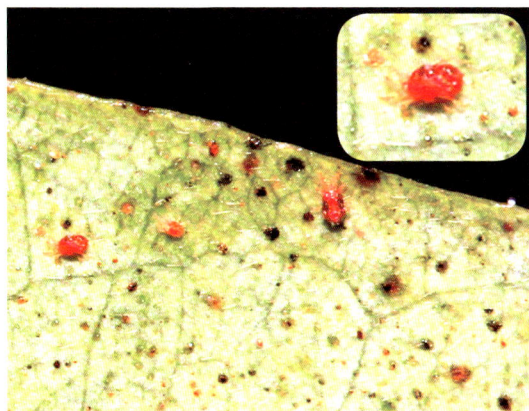

若螨

为害状

25～30 ℃、相对湿度35%～55%时繁育快，为害严重；暴雨冲刷可有效降低虫口密度。

3.雌成螨体长约0.5 mm，朱红或锈红色，体背两侧各有黑褐色斑纹1对；雄成螨体长约0.3 mm，红色或浅黄色，体末端稍尖，呈菱形。

寄主

国槐、柳、杨、栾树、槭属、梓树、臭椿、枣、金银花、山楂、木槿、羊蹄甲、芍药、牡丹、茉莉、月季、大丽花、万寿菊、一串红、梅、丁香、海棠和迎春等。

防治措施

1.雌成螨越冬前，树干绑草诱集，早春取下集中烧毁；春季出蛰前清除翘皮裂缝、枯枝落叶和杂草，消灭越冬螨。

2.早春树木发芽前，即越冬螨出蛰盛期，使用3～5°Bé石硫合剂等药剂喷雾防治。

3.使用螨死净、哒螨灵等药剂喷雾防治；树冠喷清水也可有效降低虫口密度。

4.保护利用瓢虫、小花蝽、植绥螨、草蛉和塔六点蓟马等天敌。

桑始叶螨	*Eotetranychus suginamensis* (Yokoyama)	叶螨科	Tetranychidae

桑始叶螨属蜱螨目叶螨科，是一种刺吸类害螨。

特点

1.在桑叶背沿着叶脉处结白色丝网做室为害，桑叶沿叶脉两侧或叶脉相交处呈现黄白色失绿斑点，甚至叶片枯黄。

2.北京一年发生多代，6月上中旬为为害盛期。

3.雌成螨体椭圆形，浅黄白色；须肢跗节端感器柱形，背感器枝状；背毛基粗壮，端细，26根。雄成螨须肢跗节端感器退化，背感器小枝状。

寄主

桑。

防治措施

1.每年3月在树干2 m处刷宽2 cm的黏虫胶闭合环，阻隔螨体上树。

2.早春使用3～5°Bé石硫合剂封干，灭杀越冬卵。

3.6月发生盛期，叶片喷施阿维菌素或高渗苯氧威。

叶片正面受害状

叶片背面受害状

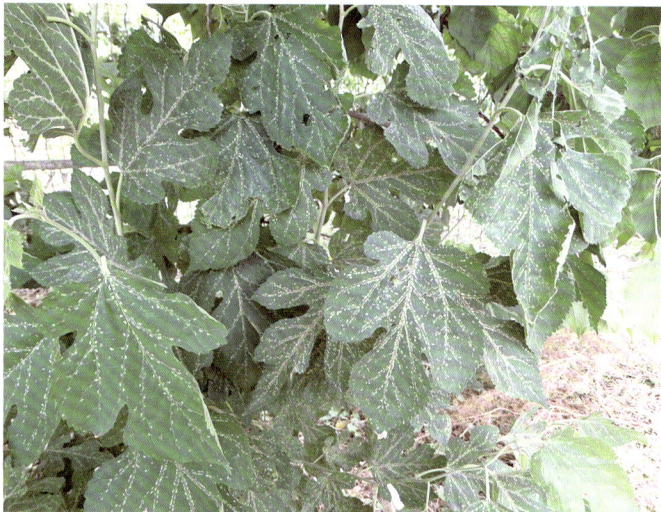

受害状

国槐红蜘蛛	*Tetranychus truncatus* Ehara	叶螨科	Tetranychidae

国槐红蜘蛛又名截形叶螨，属蜱螨目，叶螨科，是一种刺吸类害螨。

特点

1.在叶背吐丝结网，刺吸为害，常造成叶片提早脱落；干旱、少雨，发生较重。

2.一年发生15～17代，以成螨在树皮的裂缝、土缝等处越冬。6～7月繁殖最快，7～8月发生为害严重。

3.雌成螨体长约0.5 mm，倒鸭梨形，锈褐色或淡红褐色，体背有纵向褐斑2列；若螨体长约0.17 mm，短椭圆形，淡黄色或略带红色，比成螨较圆。

寄主

国槐、龙爪槐和枣等。

防治措施

1.雌成螨越冬前，树干绑草诱集，早春取下集中处理；春季出蛰前，清除老翘树皮、枯枝落叶和杂草，消灭越冬螨。

2.树木发芽前（越冬螨出蛰盛期），使用3～5°Bé石硫合剂等药剂喷雾防治。

3.严重发生时，使用螨死净、哒螨灵等药剂喷雾防治。

4.使用清水，树冠喷雾防治。

5.保护利用草蛉、瓢虫、蜘蛛和益螨等天敌。

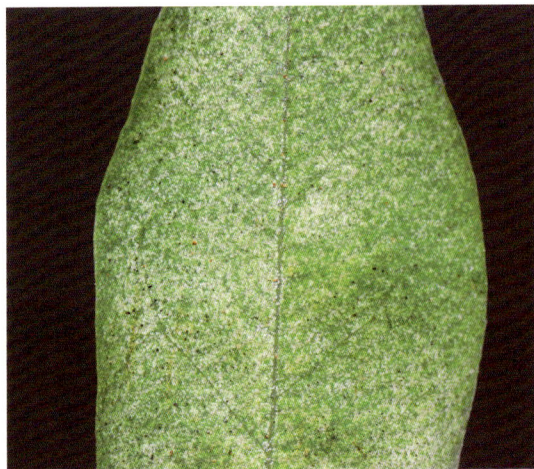

成螨及为害状

刺吸类害虫

柏小爪螨	*Oligonychus perditus* Pritchard et Baker	叶螨科	Tetranychidae

柏小爪螨又名侧柏红蜘蛛，属蜱螨目叶螨科，是一种刺吸类害螨。

特点

1.若螨有群集为害习性，鳞叶受害初期好像黏上一层灰尘，叶片上出现黄白色小点，鳞叶间有丝网；严重发生时，鳞叶变成灰黄色；高温、干旱天气有利于其发生。

2.一年发生8代以上，以卵在树干皮层缝间、少部分在枝条或针叶基部等处越冬。4月上旬越冬卵开始孵化；4月中旬至6月下旬为害严重；进入雨季，湿度加大，种群密度明显降低；雨季以后出现次为害高峰；10月产卵越冬。

3.雌成螨倒鸭梨形，褐绿色，体背微隆起；雄成螨体较小，体色较淡；卵，球形，乳白至杏黄色，孵化前为杏红色。

寄主

柏。

防治措施

1.保护利用草蛉、瓢虫、小花蝽、蜘蛛和益螨等天敌。

2.严重发生时，使用螨死净、哒螨灵等药剂喷雾防治。

成螨

为害状

为害状

刺吸类害虫

苹果全爪螨	*Panonychus ulmi* (Koch)	叶螨科	Tetranychidae

苹果全爪螨又名苹果红蜘蛛、榆全爪螨，属蜱螨目 叶螨科，是一种叶部刺吸类害螨。

特点

1.受害初期，叶片、叶脉出现褪绿斑点；严重发生时，叶片黄绿、脆硬、不落，远看树冠呈"苍灰色"；成螨多在叶片正面为害，一般不吐丝结网。

2.一年发生8～9代，以卵在小枝分叉、叶痕、芽轮、粗皮和果胎等处越冬；6～7月为害严重。

3.成螨体长0.5 mm；雌成螨圆形，深红色；雄成螨末端尖细；幼螨体长0.19 mm，若螨体长0.25 mm。

寄主

碧桃、海棠、苹果、樱花和月季等。

防治措施

1.春季刮除老翘树皮，消灭越冬卵。

2.早春花木发芽前（越冬卵孵化期），是全年防治的关键时期，使用3～5°Bé石硫合剂等喷雾防治。

3.发生为害期，使用螨死净等喷雾防治。

4.保护利用草蛉、瓢虫等天敌。

越冬卵

二斑叶螨	*Tetranychus urticae* Koch	叶螨科	Tetranychidae

二斑叶螨又名白蜘蛛、二点红蜘蛛、棉花红蜘蛛，属蜱螨目叶螨科，是一种叶部刺吸类害螨。

特点

1.主要在叶片背面吐丝结网为害，常造成受害叶片失绿，正面隆起，枯黄脱落。

2.一年发生10余代，以受精雌成螨在树干基部土缝间、枯枝落叶层下、树皮裂缝内和宿根性杂草根际等处吐丝结网潜伏越冬。

3.雌成螨体长0.5～0.6 mm，椭圆形，体背两侧各有褐斑1个，褐斑外侧3裂；雄成螨体长0.3～0.4 mm，体略呈菱形，体色为黄色、黄绿色、橙黄色或橘红色。

寄主

月季、木槿、迎春、苹果、梨和桃等。

防治措施

1.清除枯枝落叶，消灭越冬雌螨。

2.早春花木发芽前，刮除老粗树皮，并使用3～5°Bé石硫合剂、45%晶体石硫合剂等枝干喷雾防治。

3.为害期，使用螨死净、哒螨灵等喷雾防治。

4.保护利用食螨瓢虫、草蛉、塔六点蓟马等天敌。

成螨及卵

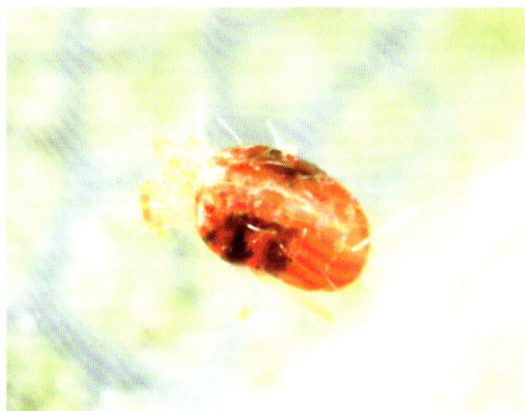
越冬态雌成螨

刺吸类害虫

| 呢柳刺皮瘿螨 | *Aculops niphocladae* Keifer | 瘿螨科 | Eriophyidae |

呢柳刺皮瘿螨 又名柳刺皮瘿螨，属蜱螨目瘿螨科，是一种刺吸类害螨。

特点

1.受害叶片表面常有大量"珠状"虫瘿，初期为绿色，中期为红色，后期为褐色；借助风、昆虫和人畜传播。

2.一年发生多代，以成螨在芽鳞间、枝条裂缝或凹陷处越冬。

3.雌成螨体长0.18～0.21 mm，纺锤形，扁平，黄棕色。

寄主

柳。

防治措施

1.早春，使用石硫合剂等药剂喷雾防治越冬螨。

2.虫瘿形成前，使用高渗苯氧威等药剂喷雾防治

为害状

| 毛白杨皱叶瘿螨 | *Eriophyes dispar* Nalepa | 瘿螨科 | Eriophyidae |

毛白杨皱叶瘿螨又名毛白杨瘿螨、杨皱叶病、杨绣球病，属蜱螨目瘿螨科，是一种刺吸类害螨。

特点

1.受害叶片变小，皱缩变形，肿胀增厚，边缘开裂，卷曲成团，节间缩短，丛生紫红，呈"鸡冠"或"锈球"状。

2.一年发生5代，多以卵在杨树枝条的第5～8个冬芽鳞片间越冬。4月下旬，越冬芽展叶即表现出为害状，形成瘿球；5月上旬，若螨离"球"在枝上爬行，再度侵芽世代重叠；5月中旬，可见大量新生四足螨，受害叶片上有一层土黄色的粉状物；10月下旬，成螨在芽内产卵越冬。

3.瘿螨体长127～142 μm，宽28～32 μm，圆锥形，黄褐色，体壁上密布环纹，近头部有软足2对，腹部两侧具刚毛4对；幼螨色浅，体较小，有不明显的环纹；卵椭圆形，透明状。

4.发芽晚、枝条细长或弯曲的毛白杨受害重；雄株受害普遍，雌株很少受害；害螨随苗木调运做远距离传播，风有可能作为传播媒介。

寄主

毛白杨和山杨等。

防治措施

1.加强栽培管理，合理施肥灌水，增强树势，提高植株抵抗力。

2.及时摘除病芽和"瘿球"防治。

3.冬季或发芽前对病树枝干喷3～5°Bé石硫合剂，5月中下旬发生严重时，对病株喷0.2°Bé石硫合剂。

4.保护和利用捕食螨等天敌。

为害状

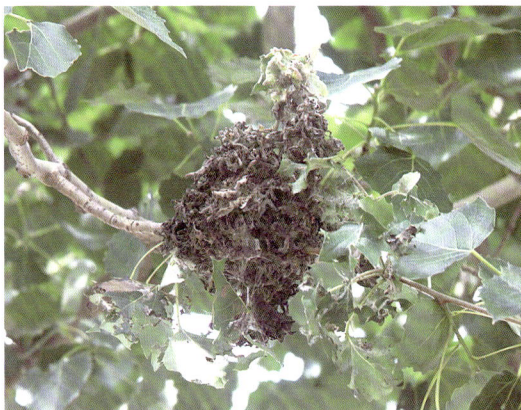

为害状

| 玫瑰三节叶蜂 | *Arge pagana* Panzer | 三节叶蜂科 | Argidae |

玫瑰三节叶蜂又名蔷薇叶蜂，属膜翅目三节叶蜂科，是一种食叶类害虫。

特点

1.成虫体长8 mm，雌成虫多在当年生嫩梢的背阴处产卵，卵呈"八"形排列；幼虫取食叶片和叶柄；低龄幼虫有群集叶片边缘为害的习性，3龄后分散取食，严重发生时，可将叶片吃光，仅留叶柄和主脉；老熟幼虫体长22 mm。

2.一年发生2代，世代重叠；以老熟幼虫在玫瑰或蔷薇根部周围土壤中结茧越冬。

3.成虫具有假死性；成虫10:00～15:00活跃，晚上静伏于叶片。

寄主

玫瑰、蔷薇、黄刺玫、月季、月月红和十姐妹等。

防治措施

1.成虫发生期，使用烟碱•苦参碱等喷雾防治。
2.低龄幼虫期，使用高渗苯氧威、乐斯本等喷雾防治。
3.及时剪掉带卵枝条，清除枯枝落叶。
4.保护利用姬蜂、中华大螳螂和蜘蛛等天敌。

雌成虫

雄成虫

雌成虫产卵状

刻槽与卵

往年产卵痕

幼虫及为害状

幼虫及为害状

幼虫及为害状

榆近脉三节叶蜂   *Aproceros leucopoda* Takeuchi   三节叶蜂科   Argidae

榆近脉三节叶蜂属膜翅目三节叶蜂科，是一种食叶类害虫。

特点

1.路边和树冠中下部的叶片受害严重；孤雌生殖；成虫飞行能力较强，常盘旋于树冠部，严重发生时，发出"嗡嗡"的飞行声；幼虫孵化后，从叶缘开始，在两支脉间向主脉方向呈"S"形蚕食。

2.一年发生4代，以预蛹在树下表土层及石块下越冬。4月下旬成虫出茧羽化，成虫产卵于叶片边缘锯齿尖端的表皮下，产卵处叶背可见泡状隆起。

3.雌成虫体长6～7 mm，色多变，头宽是头长的3倍，足淡黄白色；老熟幼虫头绿色，近中、后胸足的基部具"T"形黑色或黑褐色纹1个，腹部3～6节两侧各有乳状突1个。老熟幼虫体长9.2～11 mm。

寄主

榆。

防治措施

1.人工挖除表土茧、摘除叶背茧防治。
2.使用除虫脲、灭幼脲等药剂喷雾防治低龄幼虫。
3.保护和利用异色瓢虫、白僵菌、猎蝽、蚂蚁和蜘蛛等天敌。

成虫

成虫

卵

幼虫为害状

茧

即将羽化出成虫的茧

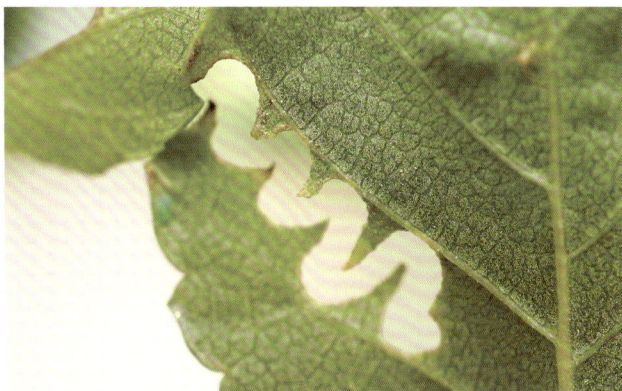

幼虫S形蚕食叶片

| 柳厚壁叶蜂 | *Pontania bridgmannii* Cameron | 叶蜂科 | Tenthredinidae |

柳厚壁叶蜂又名柳叶瘿叶蜂、柳叶瘿蜂，属膜翅目叶蜂科，以幼虫取食叶肉为害

为主。

特点

1.幼虫孵化后，啃食叶肉，受害部位逐渐隆起，形成虫瘿，初期绿色，后变为紫褐色，并呈"肾形"或椭圆形；幼虫在虫瘿内取食为害，可一直为害到受害树木落叶。

2.一年发生1代，以老熟幼虫在土壤表层或地砖的缝隙中结茧越冬。

3.一片叶上有1至数个虫瘿；受害叶片常提前变黄，影响树木生长和景观效果。

4.成虫体长5 mm，幼虫体长12 mm。

5.公园、绿地、湖岸、行道等处的垂柳上发生为害较重。

寄主

垂柳、旱柳和绦柳等。

成虫与蛹

低龄幼虫

高龄幼虫

垂柳受害状

防治措施

1.摘除虫瘿，集中销毁。

2.成虫发生期（4月中下旬），利用虫螨克星、高渗苯氧威等喷雾防治。

3.树木生长季节，树干打孔注入内吸性药剂防治。

| 柳蜷叶蜂 | *Amauronematus saliciphagus* Wu | 叶蜂科 | Tenthredinidae |

柳蜷叶蜂属膜翅目叶蜂科，是一种食叶类害虫。

特点

1.柳芽萌动期成虫开始羽化；成虫产卵于未展开的柳芽内，受害芽上常有略凹陷的小黑点；幼虫取食柳芽，造成叶芽纵向扭曲、皱缩形成虫苞，虫苞内多为1条幼虫，影响叶片正常生长；后期叶苞枯萎脱落，枝条光秃。

2.一年发生1代，以老熟幼虫在土壤表土层内结茧越夏越冬；连翘进入盛花期新一代幼虫开始孵化。

3.成虫翅透明，翅脉褐色，头部淡褐色，胸腹部黑色，雌成虫体长4.5～5.5 mm，雄成虫体长4.0～4.5 mm；老熟幼虫体长8～10 mm，头褐色，体绿色；土茧椭圆形。

寄主

旱柳、垂柳、金丝垂柳和馒头柳等。

成虫

幼虫

防治措施

1.冬季，疏松表土，人工挖茧，消灭越冬虫源。

2.成虫发生期，树冠挂黄绿色黏虫板、树干围黄绿色黏虫胶带等诱杀成虫。

3.成虫发生期，使用烟碱·苦参碱等药剂喷烟防治。

叶苞与幼虫

蛹

土茧

叶片后期受害状

叶片前期受害状

柳树受害状

| 橄榄绿叶蜂 | *Tenthredo olivacea* Klug | 叶蜂科 | Tenthredinidae |

橄榄绿叶蜂属膜翅目叶蜂科，是一种食叶类害虫。

特点

1.一年发生1代，以老熟幼虫结茧在土中越冬。6月化蛹，7～8月为成虫发生期。

2.成虫体绿色，复眼、触角、胸背黑色；中胸小盾片发达；前足胫节有端距1对。幼虫胸足3对，较为发达；腹足8对。

寄主

杨、柳和玫瑰等。

防治措施

1.人工挖茧蛹、剪卵枝、清落叶。

2.使用烟碱•苦参碱等药剂喷雾防治幼虫。

3.使用烟碱•苦参碱等药剂喷烟防治成虫。

4.保护螳螂、蜘蛛和蚂蚁等天敌。

成虫

成虫

杨潜叶叶蜂	*Messa taianensis* Xiao et Zhou	叶蜂科	Tenthredinidae

杨潜叶叶蜂又名杨泡叶蜂，属膜翅目叶蜂科，以幼虫潜入叶片内取食叶肉为害为主。

特点

1.发生早，发生期短，发生量大；成虫多产卵于叶片边缘；幼虫孵化后潜入叶片内取食为害，受害叶片多仅剩上、下表皮，呈"气泡状"。

2.一年发生1代，以老熟幼虫结土茧在土壤中越冬。

3.小叶杨叶片初展时（4月初）为成虫羽化高峰期。

4.成虫体长4 mm，幼虫体长6 mm。

成虫

幼虫

越冬虫茧

杨树叶片受害状

寄主

小美旱、小叶杨、北京杨和小青杨等。

防治措施

1.从成虫羽化初期开始，连续使用烟碱•苦参碱等植物源类药剂喷烟防治。
2.林间设置黄胶板监测诱杀成虫。

| 河曲丝叶蜂 | *Nematus hequensis* Xiao | 叶蜂科 | Tenthredinidae |

河曲丝叶蜂又名柳叶蜂，属膜翅目叶蜂科，是一种食叶类害虫。

特点

1.喜食金丝垂柳；初孵幼虫在卵壳周围取食叶肉，2龄以后仅留主脉；幼虫不耐高温，喜在郁闭度大的树冠内取食。

2.一年发生1代，以老熟幼虫入土结茧越冬。翌年8月上旬开始化蛹，8月中旬成虫开始羽化，8月下旬为孵化盛期，9月下旬开始老熟幼虫沿树干下树寻找越冬场所。

3.成虫体长7~10 mm，翅半透明，翅痣黑褐色，雌成虫头部、前胸背板为红褐色，足淡红黄色，后足腿节和胫节前端、跗节均为黑色，雄成虫头部、前胸背板为黑色；卵产于叶背，成行排列，初产时紫色，有光泽，椭圆形；老熟幼虫体长27~28 mm，头黑色，胸部及腹部末端淡黄色，腹部背面有黑色纵线7条。

寄主

柳和杨等。

防治方法

1.结合冬季管理，翻树盘，破坏越冬场所。
2.树干涂黏虫胶防治下树幼虫。
3.使用除虫脲、氟铃脲等药剂喷雾防治低龄幼虫。
4.保护利用草蛉、瓢虫和鸟类等天敌。

雌成虫与卵

雌成虫

雄成虫

雄成虫

蛹

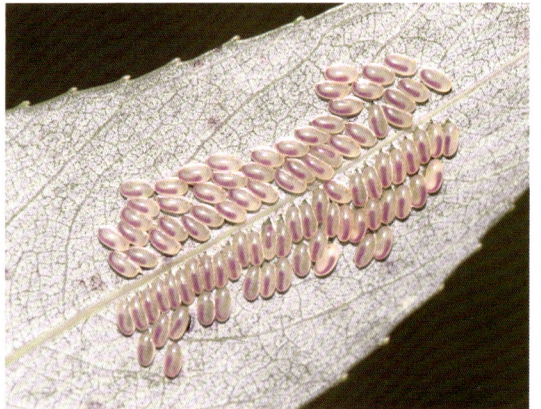

卵

幼虫

幼虫

幼虫及为害状

土茧

| 落叶松叶蜂 | *Pristiphora erichsonii* (Hartig) | 叶蜂科 | Tenthredinidae |

落叶松叶蜂又名落叶松红腹叶蜂，属膜翅目叶蜂科，是一种食叶类害虫。

特点

1.幼树受害严重；幼虫取食新梢、叶片为害，严重发生时可将针叶食光，并可使枝条枯死，树冠变形，难以郁闭成林；成虫产卵刺伤嫩梢皮层，致使新梢弯曲；成虫喜在强光下飞翔，雌成虫具有孤雌生殖习性。

2.一年发生1代，以老熟幼虫入土结茧变为预蛹在枯枝落叶层下或周围松软土壤中越冬。翌年5月下旬成虫羽化，6月上旬幼虫孵化，7月下旬幼虫下树结茧越冬，越冬茧坚韧。

3.成虫体长8～10 mm，黑色，雌成虫腹部第2～5节背面、第6节背板前缘和第2～7节腹面中央为橘红色，雄虫腹部第2节背板两侧、第3～5节及第6节背部中央为橘红色；老熟幼虫体长12～16 mm，黑褐色，胸部及腹部背面墨绿色，腹面灰白色，胸足黑褐色。

寄主

落叶松。

防治方法

1.人工剪除幼树上的受害枝，捕杀群集为害的幼虫。

2.使用除虫脲、噻虫啉、白僵菌和粉拟青霉菌等药剂喷雾防治幼虫。

3.保护利用天敌。

成虫

茧及老熟幼虫

幼虫群集为害

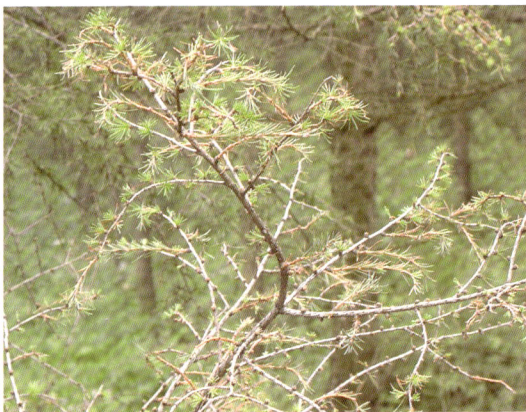
为害状

食叶类害虫

黑胫腮扁叶蜂	*Cephalcia nigrotibialis* Wei	扁叶蜂科	Pamphiliidae

黑胫腮扁叶蜂属膜翅目扁叶蜂科，是油松的食叶类害虫之一。

特点

1. 幼虫在枝条针叶下做丝巢，咬断松针后取食；虫龄大时，幼虫外出虫巢，将松针咬断后拖回巢内取食。一个枝条上的几条幼虫常常可把枝条上的针叶食光；发生量大时，油松树冠外围的松针为害严重。

2. 在北京地区一年1代，以老熟幼虫越冬，6月上旬幼虫开始化蛹，6月下旬成虫开始出土，7月上中旬为出土上树盛期，7月初成虫开始产卵，幼虫在树上为害60天左右，9月上中旬老熟幼虫开始下树，9月底幼虫全部下树，入土做虫室越冬。

3. 雌成虫体长15～17 mm，体黑色，具白色斑纹；雄成虫体长13～15 mm；中部背面无黄白斑。老熟幼虫体长22～27 mm，有多种体色，可分为灰褐色、浅绿色至橄榄绿色。蛹长13～21 mm，绿色，体末附有幼虫脱皮壳，且用头壳包住体末。蛹在土室内，虫室椭圆形，长18 mm，宽6 mm。

雌成虫

雌成虫

食叶类害虫

雄成虫

越冬幼虫

越冬幼虫

幼虫在虫室中越冬

越冬幼虫与虫室

蛹

寄主

油松等。

防治措施

1. 7月上中旬，使用红色黏虫胶带、胶板诱杀成虫。
2. 成虫发生期（7月上中旬），使用烟碱·苦参碱喷烟、喷雾防治。

蛹

蛹室

红色黏虫胶带诱杀成虫

为害状

落叶松腮扁叶蜂又名高山扁叶蜂，属膜翅目扁叶蜂科，是一种食叶类害虫。

特点

1. 成虫多在树冠下的草丛、灌木上活动，晴天较阴雨天活跃，雌成虫交尾后多沿树干爬至树冠产卵，卵单产于松针前端；成虫对黄绿色趋性强；幼虫孵化后即在小枝上吐丝做巢取食。

2. 一年发生1代，以老熟幼虫在枯枝落叶下的浅土层内做土室越冬。5月下旬为成虫羽化高峰期，7月上中旬为幼虫为害高峰期。

3. 雌成虫体长9.0～12.6 mm，体黑色并分布有黄白色斑，翅基片、腹板边缘及背板、腹板后缘均为黄白色；雄成虫体长7.6～11.0 mm，体黑色，前胸背板两端、翅基片为黄白色。

4. 初孵幼虫乳白色，2～3龄绿色，4龄红褐色，老熟后变黄色或绿色。老熟幼虫体长15～20 mm。

寄主

华北落叶松等。

防治措施

1. 5月上中旬，使用黄绿色胶带围环防治成虫。

2. 5月下旬，使用烟碱·苦参碱等药剂喷烟、喷雾防治成虫。

3. 保护利用高加索黑蚁、红胸黑斑蚁、血红蚁和瓢虫等天敌。

雌成虫

成虫腹面

食叶类害虫

成虫头部

卵

幼虫

幼虫

蛹

为害状

蛹

黄绿色胶带围环防治

| 延庆腮扁叶蜂 | *Cephalcia yanqingensis* Xiao | 扁叶蜂科 | Pamphiliidae |

延庆腮扁叶蜂属膜翅目扁叶蜂科，是一种食叶类害虫。

特点

1.幼虫为害严重，初孵幼虫多聚集在当年生梢与2年生枝交界处，吐丝"做窝"，断取针叶，拉入"窝"中取食，"窝"两端开口，一端为取食口，另一端为排粪口；成虫对红色的趋性强，发生量大，卵多产于针叶上，呈线状排列。

2.一年发生1代，个别两年发生1代，以老熟幼虫在树下土壤中做土室越冬。5月上中旬越冬代老熟幼虫在原土室内化蛹，5月下旬进入成虫羽化高峰期，6月上中旬为成虫产卵高峰期，7月上旬至8月上旬为幼虫为害期。

3.雌成虫体长13～19 mm，红褐色，头黄褐色，在两眼之间中央偏上有3个小黑点呈倒等腰三角形状排列，雄成虫体长10～16 mm，黑色；幼虫体长16～26 mm，黄褐色。

寄主

油松。

防治措施

1.5月下旬至6月下旬，使用红色黏虫板监测诱杀成虫。

2.使用植物源类等药剂喷烟防治成虫。

3.使用白僵菌和绿僵菌的混合液喷雾防治幼虫。

雌成虫

雌成虫

雄成虫

成虫交尾

卵

老熟幼虫

老熟幼虫

幼虫与土室

蛹

为害状

"做巢"为害状

| 枣叶瘿蚊 | *Dasyneura datifolia* Jiang | 瘿蚊科 | Cecidomyiidae |

枣叶瘿蚊又名枣瘿蚊、枣叶蛆、枣芽蛆、卷叶蛆、枣蛆，属双翅目瘿蚊科，是一种食叶类害虫。

特点

1.树冠低矮、枝叶茂密的枣枝或丛生的酸枣受害较重；成虫飞翔能力弱，喜阴暗，卵多产于枝端未展开的嫩叶缝隙处；幼虫主要为害芽、叶、花、果较嫩部位，受害叶片呈暗红色并向叶片正面卷成"长梭"形，质硬而脆；花蕾受害后，花萼膨大，不能开放；受害果实变紫脱落。

2.一年发生3~4代，以老熟幼虫在浅土层内做茧越冬。枣芽萌动时，幼虫开始为害，新梢发育初期为为害盛期；老熟幼虫从受害部位脱落，入土化蛹。

3.成虫似蚊，雌虫体长1.4~2.0 mm，雄虫体长1.1~1.3 mm；老龄幼虫乳白色，胸部腹面有"丫"形骨片。末龄幼虫体长1.5~2.9 mm。

寄主

枣和酸枣。

防治措施

1.秋冬季清除落叶和杂草，减少越冬虫源。

成虫

幼虫

为害状

食叶类害虫

2.秋冬季翻树盘，防治越冬虫茧。

3.使用除虫脲、灭幼脲、吡虫啉、高渗苯氧威等药剂树冠喷雾防治初孵幼虫；使用触杀类药剂地面喷雾防治下树化蛹的老熟幼虫。

4.保护利用小花蝽、寄生蜂、寄生蝇和草蛉等天敌。

| 刺槐叶瘿蚊 | *Obolodiplosis robiniae* (Haldemann) | 瘿蚊科 | Cecidomyiidae |

刺槐叶瘿蚊属双翅目瘿蚊科，是一种食叶类害虫。

特点

1.初孵幼虫从叶片背面沿叶缘取食为害，受害叶片沿侧缘向叶背纵向皱卷，形成

成虫

幼虫和蛹

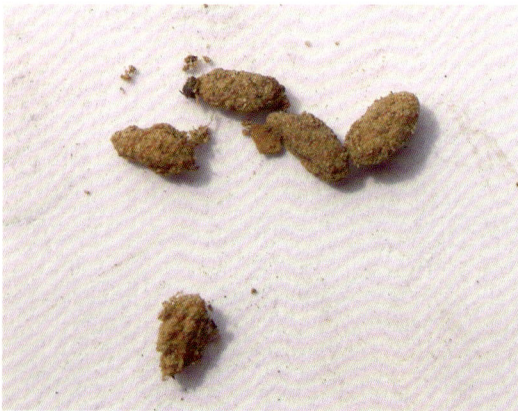

土茧

天敌瘿蚊长腹细蜂卵

"月牙形"瘤状物；一个"月牙形"瘤状物内有幼虫3～8头。

2.一年发生5代，以老熟幼虫做茧在表土层内越冬；刺槐展叶盛期（4月中下旬）越冬代成虫进入羽化高峰期，是全年防治的关键时期。

3.严重发生时，复叶受害率可达100％。

4.成虫体长3.2～3.8 mm，老熟幼虫体长2.8～3.6 mm。

寄主

刺槐和香花槐等。

防治措施

1.清除枯枝落叶；早春翻耕树冠下的土壤，破坏其越冬场所。

2.在越冬代成虫羽化高峰期，叶缘未卷曲前，使用吡虫啉等喷雾防治。

3.保护利用瘿蚊长腹细蜂等天敌。

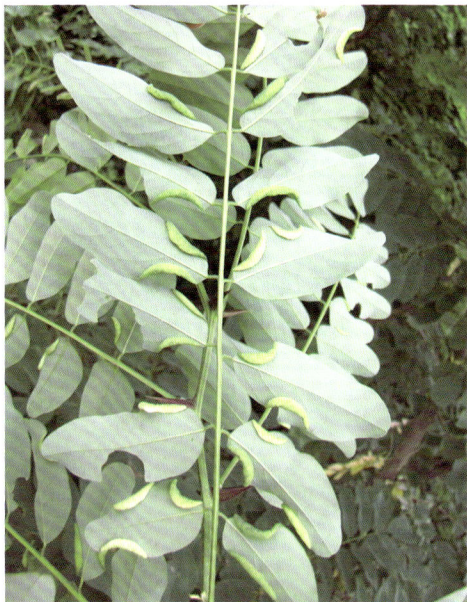

叶片背面受害状

| 菊花瘿蚊 | *Rhopalomyia longicauda* | 瘿蚊科 | Cecidomyiidae |

菊花瘿蚊属双翅目瘿蚊科，是一种叶部害虫。

特点

1.以幼虫在菊花叶腋、顶端生长点及嫩叶上为害，形成绿色或紫绿色、上尖下圆的桃形虫瘿，为害重的菊株上虫瘿累累，植株生长缓慢，矮化畸形，影响座蕾和开花。

2.成虫体长3～5 mm，触角念珠状，雌成虫初羽化时酱红色，渐变为黑褐色，雄蚊有环毛。前翅圆阔，具微毛，纵脉3条，后翅退化为平衡棍。足灰黑色，细长。卵多产于幼芽、嫩叶、叶腋等处。幼虫为害，刺激幼芽、嫩叶组织增生，形成虫瘿。

卵长0.5 mm，长卵圆形，初为无色透明，后呈橘红色、紫红色。

末龄幼虫体长3～4 mm，橙黄色，纺锤形。

蛹长3～4 mm，橙黄色，其外侧各具短毛1根。

3.河北一年发生5代，以老熟幼虫在土中越冬。翌年3月下旬成虫羽化，在菊花幼苗上产卵，第一代幼虫于4月中旬出现，4月下旬至5月上旬出现虫瘿，每代大约35天，9月底开始，幼虫从虫瘿里脱出，入土下1～2 cm处作茧越冬。

寄主

菊及野生菊科植物。

防治措施

1.避免从菊花瘿蚊发生严重地区引种菊苗。

2.清除田间菊科植物杂草，减少虫源；人工摘除虫瘿，集中烧毁。

3.成虫发生期可喷洒触杀性药剂防治。

4.保护寄生蜂等天敌。

虫瘿

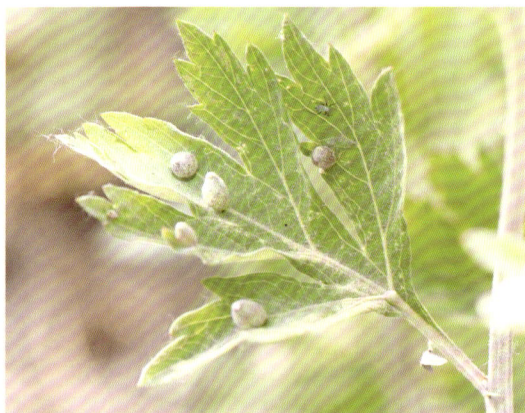

虫瘿

| 绿芫菁 | *Lytta caraganae* Pallas | 芫菁科 | Meloidae |

绿芫菁又名青娘子、斑蝥，属鞘翅目芫菁科，是一种食叶类害虫。

特点

1.成虫群集枝梢为害，有假死性，受惊吓分泌黄色有毒液体；成虫以豆科植物为食料，幼虫具有多种形态，是典型的复变态，1龄幼虫可捕食蝗虫卵块或其他虫卵。

2.一年发生1代，以拟蛹在土中越冬；5～9月为成虫为害期。

3.成虫体长11.5～17 mm，体蓝绿色，有金属光泽，头部三角形，额部中央有菱形的橙色斑1个。

寄主

刺槐、国槐、紫穗槐、锦鸡儿、荆条和柳等。

防治措施

1.利用成虫假死性，人工振落捕杀防治。
2.使用烟碱•苦参碱等药剂喷烟、喷雾防治成虫。

成虫

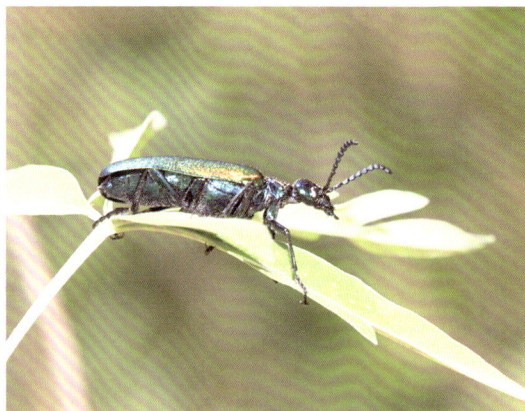

成虫

| 榆蓝叶甲 | *Pyrrhalta aenescens* (Fairmaire) | 叶甲科 | Chrysomelidae |

榆蓝叶甲又名榆蓝金花虫、榆绿金花虫、榆绿毛莹叶甲、榆毛胸莹叶甲，属鞘翅目叶甲科，是一种食叶类害虫。

特点

1.成虫具有进入公共场所和居民家中扰民的习性；成虫和幼虫常将受害叶片食成网眼状，甚至将受害树叶片全部吃光。

2.一年发生1～2代，以成虫在建筑物缝隙及枯枝落叶下越冬。榆树发芽期（4月上旬）越冬成虫开始啃食芽叶或枝条嫩皮；5月上旬幼虫开始为害；6月上旬老熟幼虫群集在榆树枝干的伤疤处化蛹；成虫寿命较长，但越冬死亡率高。

3.成虫体长7～8.5 mm，老熟幼虫体长11 mm。

寄主

榆。

防治措施

1.成虫发生期，使用烟碱•苦参碱等植物源类药剂喷烟防治。

2.初孵幼虫期，使用高渗苯氧威、吡虫啉等喷雾防治。

3.6月上旬和8月下旬人工清除树干上集中化蛹的老熟幼虫。

成虫

成虫及叶片受害状

卵块

卵块

幼虫

老熟幼虫群集化蛹

蛹

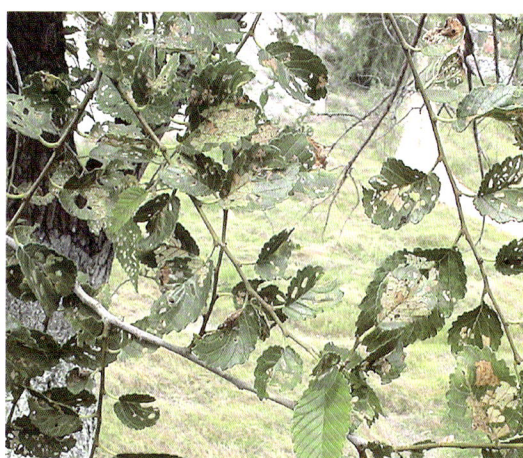
榆树叶片受害状

| 榆紫叶甲 | *Ambrostoma quadriimpressum* (Motschulsky) | 叶甲科 | Chrysomelidae |

榆紫叶甲又名榆紫金花虫，属鞘翅目叶甲科，是一种食叶类害虫。

特点

1.成虫不能飞翔，具有明显的假死性，成虫产卵于叶背，呈块状；成虫个体较大，鞘翅中央后方较宽，背面呈弧形隆起，体具紫红色与金绿色相间的光泽；严重发生时，常将新发叶片食光。

2.一年发生1代，以成虫在土中或石块下越冬。4月上旬越冬代成虫取食嫩芽和幼叶，5月下旬老熟幼虫入土化蛹，6月上旬第1代成虫大量取食，进入夏季高温季节，群集于树干阴凉处夏眠，9月下旬进入越冬状态。

3.成虫体长10.5～11.0 mm，近椭圆形。

寄主

榆。

防治措施

1.阻隔法防止成虫上树为害。

2.利用成虫假死性，摇震枝干人工捕杀防治。

3.使用高渗苯氧威等药剂喷雾防治幼虫。

4.保护利用螳螂、赤眼蜂、寄生蝇和蠋蝽等天敌。

成虫

成虫及为害状

| 杨叶甲 | *Chrysomela populi* Linnaeus | 叶甲科 | Chrysomelidae |

杨叶甲属鞘翅目叶甲科，是一种食叶类害虫。

特点

1.成虫有假死性；1～2龄幼虫群集沿叶脉处取食叶肉，受害叶仅残留表皮和叶脉并呈网状，3龄后分散为害，蚕食叶缘呈缺刻状；幼虫受惊后分泌乳白色臭液。

2.一年发生2代，以成虫在落叶层或浅土层中越冬。4月下旬越冬成虫出蛰上树取食嫩梢幼芽，并在叶背产卵，卵呈橙红色，成堆竖立排列；5月可见多种虫态；6月下旬出现第2代成虫，盛夏成虫入土休眠，8月下旬又飞出取食，当年不交尾即下树越冬。

3.成虫体长9～12 mm，头蓝黑色，前胸背板蓝紫色，鞘翅橙黄或橙红色；老熟幼虫体长17 mm，扁平，近椭圆形，头黑色，前胸背板有黑纹，其他各节背有黑点2列，尾部灰白色。

寄主

杨、柳。

防治措施

1.及时清除林间杂草防治越冬成虫。

2.人工捕杀成虫、摘除卵叶防治。

3.使用吡虫啉、植物源类等药剂喷雾防治成虫、幼虫。

成虫

成虫

成虫交尾

幼虫

幼虫

幼虫

卵

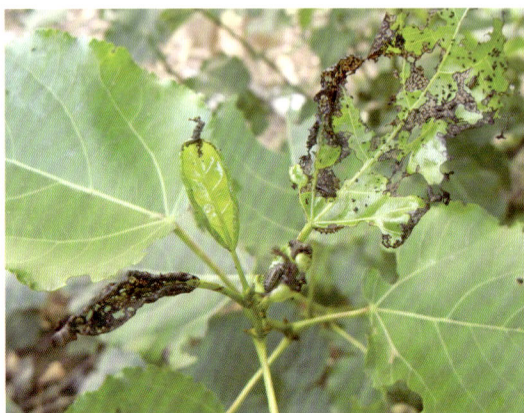

危害状

| 柳蓝叶甲 | *Plagiodera versicolora* (Laicharting) | 叶甲科 | Chrysomelidae |

柳蓝叶甲又名柳圆叶甲，属鞘翅目叶甲科，以成虫、幼虫食叶为害为主。

特点

1.成虫体长4 mm，卵圆形，深蓝色，有金属光泽；老龄幼虫头黑褐色，体长6 mm，扁平、灰黄色。

2.一年发生6代，以成虫在落叶、杂草及土中越冬；春季柳树发芽时成虫交尾产卵，每头雌虫产卵1 000～1 500粒。

3.幼虫群集为害，叶片受害处呈白色、透明、网状。

4.从春到秋均有成虫和幼虫活动；早春柳树发芽时，虫态比较整齐。

寄主

旱柳、垂柳等。

防治措施

1.营造混交林。

2.柳树发芽时，使用烟碱·苦参碱、吡虫啉等喷雾防治。

3.及时清除落叶、杂草；早春翻树盘，消灭越冬成虫。

成虫

成虫及为害状

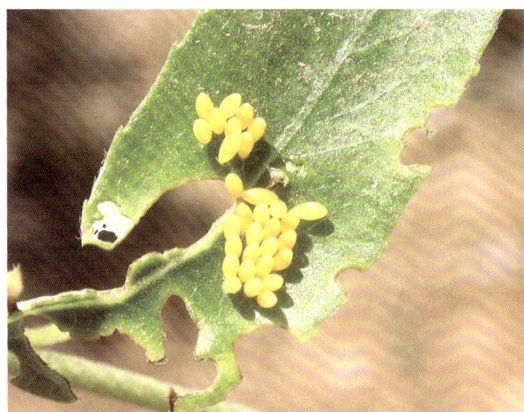
卵

| 黑胸扁叶甲 | *Gastrolina thoracica* Baly | 叶甲科 | Chrysomelidae |

　　黑胸扁叶甲又名核桃叶甲、核桃金花虫、核桃扁叶甲黑胸亚种，属鞘翅目叶甲科，是一种食叶类害虫。

特点

1.卵多产于叶背，呈块状；初孵幼虫喜食叶肉，并有群集为害的习性，3龄后分散为害；老熟幼虫多群集于叶背倒悬化蛹；成虫不善飞翔，有假死性；雌虫卵期腹部显著膨大，突出于翅鞘之外。

2.一年发生1代，以成虫在枯枝落叶层、树皮缝内越冬。翌年4月上旬越冬成虫开始活动，取食核桃楸嫩芽、嫩叶补充营养，5月上旬幼虫孵化，6月上旬成虫羽化。

3.成虫体长6.5～8.3 mm，长方形，背扁平，足黑色，头和鞘翅多为紫色，前胸背板中部黑色，两侧棕黄色或棕色；老熟幼虫体长约10 mm，前胸盾片发达呈淡红色，各体节具褐色斑点与毛瘤。

寄主

核桃楸、核桃和枫杨等。

成虫交尾

幼虫

幼虫

幼虫化蛹

防治措施

1.人工摘除卵叶、虫叶，人工振落成虫捕杀防治。

2.使用高渗苯氧威等药剂喷雾防治幼虫。

3.保护利用奇变瓢虫、猎蝽和步甲等天敌。

幼虫为害状

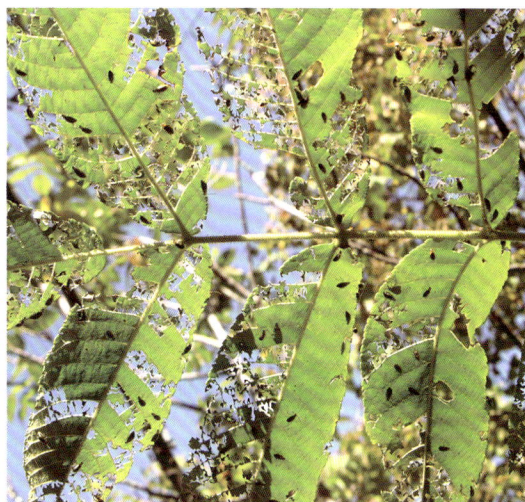

成虫为害状

| 甘薯蜡龟甲 | *Laccoptera quadrimaculata* (Thunberg) | 叶甲科 | Chrysomelidae |

甘薯蜡龟甲又名甘薯褐龟甲、甘薯大龟甲，属鞘翅目叶甲科，是一种食叶类害虫。

特点

1.成虫、幼虫食叶为害，常造成叶片缺刻或孔洞，边食边排粪便；世代重叠明显；成虫产卵于叶背，呈卵鞘状；触角黄褐色，9～11节黑色。

2.南方一年发生5～6代，以成虫在杂草、土缝处越冬。

3.成虫体长7.5～10 mm，体近三角形，棕色或红棕色，散布不规则黑斑，前胸背板有小黑斑2个，有时不明显或消失，鞘翅具皱纹、粗刻点及凹陷；幼虫体扁平，黄色至黄褐色。

寄主

甘薯、牵牛、打碗花和旋花等旋花科植物等。

防治措施

1.及时清理枯枝落叶和杂草，消灭越冬虫源。

2.使用植物源类等药剂喷雾防治。

成虫

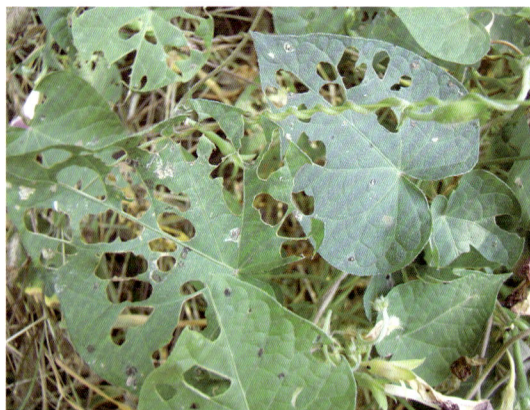

为害状

柳十八斑叶甲	*Chrysomela salicivorax* Fairmaire.	叶甲科	Chrysomelidae

柳十八斑叶甲又名柳九星叶甲，属鞘翅目叶甲科，以成虫和幼虫取食各种柳树的芽和叶。

特点

1.初孵幼虫群栖取食，被食叶片呈现密小的坑点，低龄幼虫取食叶肉，受害叶片呈网状，老龄幼虫食叶仅留主脉。

成虫

卵

2.一年发生2代，以成虫在落叶层内、土缝或树皮缝内越冬。4月中旬越冬成虫（杨、柳发芽放叶期）出蛰，5月上旬幼虫孵化，6月可见各种虫态，7月上旬为害盛期，10月下旬下树越冬。

3.成虫体长6～8 mm，蓝黑色，头部密布刻点。每个鞘翅上分别有明显的黑蓝色斑点9个；卵长椭圆形，黄色，成块状整齐排列，每块20～50粒不等；初孵幼虫黑色，2龄后呈深褐色，老熟时黄色，体表有黑色瘤状突起2列。

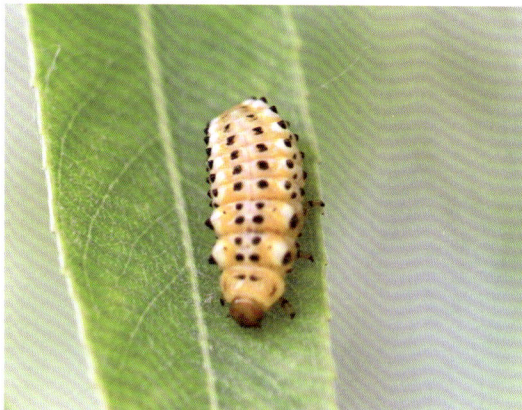
低龄幼虫

4.幼虫被触碰后能分泌乳白色臭液；成虫飞翔能力较强，有假死性。

寄主

柳、小叶杨、小青杨等。

防治措施

1.摘除卵块。
2.成虫期，利用假死性捕杀。
3.幼虫期，向树冠喷施高渗苯氧威。
4.保护利用天敌，如猎蝽、胡蜂和螳螂等。

葡萄十星叶甲	*Oides decempunctatus* (Billberg)	叶甲科	Chrysomelidae

葡萄十星叶甲又名十星瓢萤叶甲、葡萄金花虫、十星圆大叶虫，属鞘翅目叶甲科，是一种食叶害虫。

特点

1.成虫和幼虫均取食葡萄嫩芽和叶片。芽受害后影响枝条和花序萌生；叶片受害后初期造成许多缺刻和孔洞，严重时害虫可将叶片全部吃光，仅留粗大叶脉，影响葡萄产量和质量。卵块状。成虫有假死习性，受惊时能分泌黄色有臭气的液体，并下坠落地，成虫会分泌一种黄色液体，有恶臭，借以逃避敌害。

2.成虫长约12 mm，椭圆形，似瓢虫。土黄色。触角淡黄色丝状，末端3节及第4节端部黑褐色；每个鞘翅各有大小不等的黑色圆斑5个，呈2、2、1排列。前足小。

卵椭圆形，长约1 mm，表面具不规则小突起，初草绿色，后变黄褐色。

幼虫体长12～15 mm，长椭圆形略扁，土黄色。头小、胸足3对较小，除前胸及尾节外，各节背面均具两横列黑斑，中、后胸每列各4个，腹部前列4个，后列6个。除尾节外，各节两侧具3个肉质突起，顶端黑褐色。

蛹金黄色，体长9～12 mm，腹部两侧具齿状突起。

3.一年发生1代。以卵黏结成块状在枯枝落叶层下过冬。每年5月孵化，7月成虫羽化。

寄主

葡萄、爬山虎、野葡萄、芍药、牡丹、紫藤、五敛莓、凌霄、花生、南瓜、萝卜、桑等。

成虫

成虫

幼虫

幼虫

防治措施

1.清除葡萄园枯枝落叶和杂草，及时烧毁或深埋，消灭越冬卵。

2.利用其假死性，振落捕杀成虫及幼虫，尤其要注意捕杀群集在下部叶片上的小幼虫。

3.幼虫发生初期为重点防治时期，使用高渗苯氧威喷雾、烟碱·苦参碱等喷烟防治，使用植物源类药剂喷烟防治成虫。

4.保护和利用瓢虫、蜘蛛、太平鸟、灰喜鹊和大山雀等天敌。

幼虫

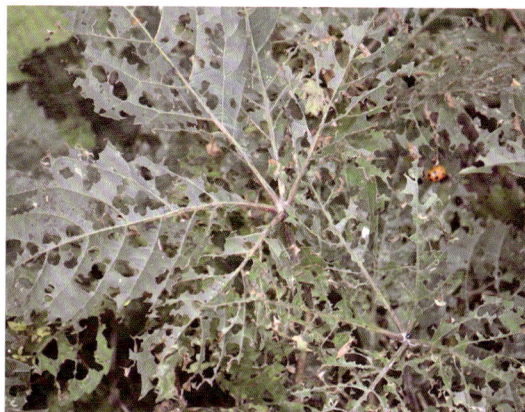

为害状

| 黄点直缘跳甲 | *Ophrida xanthospilota* (Baly) | 叶甲科 | Chrysomelidae |

黄点直缘跳甲又称黄栌胫跳甲、黄斑直缘跳甲，属鞘翅目叶甲科，以幼虫、成虫食叶为害。

特点

1.春季以幼虫为害为主，可将黄栌嫩芽、花苞、嫩叶吃光，仅留叶柄；夏、秋季以成虫补充营养为害为主，可将叶片咬成缺刻、孔洞。

2.一年发生1代，以卵块在黄栌枝杈或伤疤处越冬，卵块重叠并有黑褐色分泌物包被；黄栌展叶期，初孵幼虫为害

成虫

芽苞，4月下旬进入幼虫为害盛期；5月下旬老熟幼虫入土化蛹；6月中下旬成虫大量出现；7月即可见到新的卵块。

3.成虫棕黄或棕褐色，翅面布满大小不等的白斑，后足发达，寿命为2个多月。雌成虫体长7.5～8.5 mm，雄成虫体长5.8～7.1 mm，老熟幼虫体长8～13 mm。

寄主

黄栌。

防治措施

1.低龄幼虫期（4月上旬），使用高渗苯氧威喷雾、烟碱·苦参碱等喷烟防治。

2.使用植物源类药剂喷烟防治成虫。

3.人工刮除卵块防治。

4.保护利用赤眼蜂、跳小蜂、蠋蝽等天敌。

成虫交尾

成虫及为害状

初孵幼虫为害芽苞

初孵幼虫

食叶类害虫

幼虫为害状

老熟幼虫

枝杈处的卵块

枝杈处的卵块

土茧

蛹

杨梢叶甲	*Parnops glasunowi* Jacobson	肖叶甲科	Eumolpidae

杨梢叶甲又名杨梢金花虫、咬把虫，属鞘翅目肖叶甲科，是一种食叶类害虫。

特点

1.成虫多在树冠中上部为害，取食叶柄及嫩梢，常造成秃枝和大量无柄叶片落地；成虫具有假死性，清晨潜伏，傍晚活跃；幼虫孵化后落地潜入土壤中取食根系的幼嫩部位。

2.一年发生1代，以幼虫在土中越冬。翌年4月越冬幼虫化蛹，5月上旬成虫羽化，5月中旬至6月上旬为成虫发生盛期。

3.成虫体长5～7.3 mm，体黑色或黑褐色，头基部嵌于前胸内，前胸背板宽大于长，与鞘翅基部约等宽，鞘翅两侧平行，端部狭圆，基稍隆起。老熟幼虫体长6 mm。

成虫

成虫腹面

成虫侧面

落叶为害状

寄主

杨、柳和梨等。

防治措施

1.早春深翻土壤，破坏越冬场所。

2.人工振落捕杀成虫。

3.使用吡虫啉、高渗苯氧威等药剂喷雾或使用烟雾剂防治成虫。

受害状

受害状

银纹毛叶甲	*Trichochrysea japana* (Motschulsky)	肖叶甲科	Eumolpidae

银纹毛叶甲属鞘翅目肖叶甲科，是一种食叶类害虫。

特点

1.低龄幼虫排出的粪屑常黏成条状悬挂在排粪孔外，老熟幼虫排出丝状粪屑多散落在地面。

2.一年发生1代，6~8月成虫期，成虫和幼虫均为害叶片成缺刻状。

3.成虫体长5.7~8 mm，体铜色或铜紫色，前胸背板基缘和翅缝绿色；体背毛有两类：一类是体被密生黑色、粗硬和长竖毛；另一类是头、前胸背板、鞘翅密生银白色柔软的平卧毛或半竖立毛。

寄主

杨。

防治措施

1.人工振落捕杀成虫。
2.成虫期，喷施苦参碱。

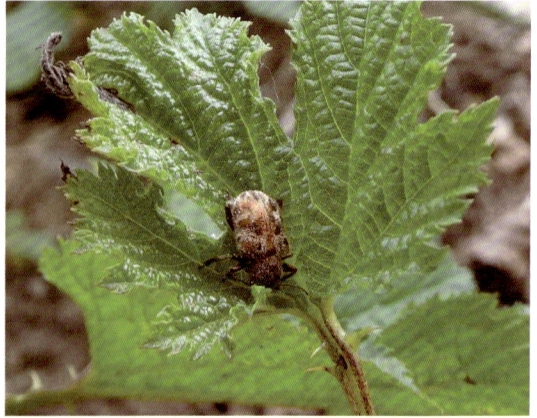
成虫

| 中华萝藦肖叶甲 | *Chrysochus chinensis* Baly | 肖叶甲科 | Eumolpidae |

中华萝藦肖叶甲又名中华萝藦叶甲、中华甘薯叶甲，属于鞘翅目属鞘翅目肖叶甲科，以成虫取食寄主叶片及幼虫取食根部为害。

特点

1.幼虫在植株根部的表皮下蛀食，受害部位呈隧道状，不取食时伏于土室，体呈"C"字形。

2.一年发生1代，以老熟幼虫在土室内越冬。5月中下旬出现成虫，5月底6月初产卵，6月上旬至7月上旬为成虫盛期。

3.成虫体长7.2～13.5 mm，长卵形，金属蓝、蓝绿、蓝紫色，触角黑色；前胸背板长大于宽，两侧边略呈圆形，向基部收窄；小盾片心形或三角形。

4.成虫白天取食，假死性强。

寄主

萝藦、夹竹桃和紫云英等植物。

防治措施

1.成虫期，利用假死性捕杀。
2.成虫期，喷洒高渗苯氧威等药剂喷雾防治。

成虫

成虫

| 榆锐卷叶象 | *Tomapoderus ruficollis* Fabricius | 卷象科 | Attelabidae |

榆锐卷叶象又名榆卷象、榆卷叶象，属鞘翅目卷象科，是一种食叶类害虫。

特点

1.5月成虫上树并在叶背产卵1粒，后将叶片卷成"圆筒"状；成虫头与胸部连接处甚细，似"颈"状，体为红黄色，鞘翅为蓝绿色，并有金属光泽；成虫具有假死性。

成虫

2.一年发生1代，以成虫在枯枝落叶、砖石土块或土缝内越冬。5月越冬成虫出蛰产卵，幼虫孵化后在卷筒内取食；8月老熟幼虫在土中化蛹、羽化，补充营养后越冬。

3.成虫体长5～6.5 mm，头部冠缝明显，复眼黑色、大而明显，鞘翅宽于前胸；雌成虫额中部两眼内侧上方有呈近圆形的黑斑1个，中胸腹板和腹部前4节腹板中央以及中足基节处均有黑色斑点。老熟幼虫体长20 mm。

寄主

榆。

防治措施

1.人工摘除"虫筒"，人工振落捕杀成虫。

2.人工清理枯枝落叶，防治越冬成虫。

3.使用植物源类等药剂喷雾防治成虫。

为害状

为害状

| 榛卷叶象虫 | *Apoderus coryli* (Linnaeus) | 卷象科 | Attelabidae |

榛卷叶象虫又名榛落文象、榛子落文象甲，属鞘翅目卷象科，是一种食叶类害虫。

特点

1.幼虫和成虫均可为害；成虫可将叶片咬成孔洞，产卵前将受害叶片卷成"筒状"，幼虫在"筒"内为害。

2.在辽宁省铁岭地区一年发生2代，以成虫在枯枝落叶、石块下和土缝内越冬。5月中旬越冬成虫出蛰取食，6月下旬第一代成虫开始羽化，8月上旬第二代成虫羽化，9月上旬开始越冬。

3.成虫体长8～11 mm，鞘翅红褐色，头、胸连接处细长呈"颈状"。

4.成虫具有假死性，白天活动，夜晚静伏。

寄主

榛、栎、榆和杨等。

防治措施

1.人工摘除卷叶虫苞。
2.人工捕杀成虫。
3.使用烟碱•苦参碱等药剂喷烟、喷雾防治成虫。

成虫

| 梨卷叶象 | *Byctiscus betulae* Linnaeus | 卷象科 | Attelabidae |

梨卷叶象又名杨卷叶象、梨切叶象、桦缘卷叶象，属鞘翅目卷象科，是一种食叶类害虫。

特点

1.成虫具有假死性；杨树展叶期，成虫咬伤叶柄或嫩枝，将4～5片嫩叶纵向卷成"雪茄烟"状，每卷中有卵1～4粒。

2.一年发生1代，以成虫在地被物或表土中越冬。翌年早春杨树展叶时，越冬成虫出蛰，4月中旬至5月下旬为成虫卷叶产卵期，5月中旬至7月下旬为幼虫取食为害期，9月中下旬成虫取食杨树叶片补充营养后入土越冬。

3.成虫体长6 mm，蓝色或绿色，有金属光泽；老熟幼虫体长7～8 mm，头棕褐色，全身乳白色，微弯曲。

寄主

梨、杨、桦、苹果和山楂等。

防治措施

1.人工摘除卷叶防治。
2.早春越冬成虫出蛰期，使用植物源类等药剂地面喷雾防治。
3.使用植物源类等药剂喷烟防治成虫。

成虫

成虫侧面

幼虫

蛹

卵

为害状

为害状

为害状

| 中华长毛象虫 | *Enaptorrhinus sinensis* Waterhouse | 象甲科 | Curculionidae |

中华长毛象虫属鞘翅目象甲科，是一种钻蛀类害虫。

特点

1.以成虫取食嫩芽和叶片。

2.北京一年发生1代，6~8月为成虫期。

3.成虫体长7~10 mm，细长、沥青色，被白至灰褐色鳞片；喙细长，端部略放宽；前胸均布瘤状颗粒，两侧圆弧形，密布白色鳞片，中沟明显，布2~3排白色鳞片而形成白纵纹1条；鞘翅狭长，两侧近平行，中部略宽，行间隆线5条，翅侧面垂直，布满灰白色带金属光泽的鳞片，翅坡直立，有白色短横带1条，着生直立的黑褐色长毛；后足胫节及跗节着生灰黄色绒毛。

寄主

栗、梨、苹果、榛、杉等。

防治措施

1.成虫期喷施苦参碱。

2.保护天敌益螨。

成虫

| 榆跳象 | *Orchestes alni* (Linnaeus) | 象甲科 | Curculionidae |

成虫

成虫

蛹

榆跳象属鞘翅目象甲科，是一种食叶类害虫。

特点

1. 幼虫孵化后潜食叶肉，蛀一隧道向叶顶一侧转移，排粪于叶内，呈轮纹状，上下表皮呈凸起成泡囊而不破裂，幼虫在泡囊中化蛹。

2. 一年发生1代，以成虫在粗皮裂缝、枯枝落叶层或地表松土中越夏、越冬。翌年4月中旬出蛰活动，取食嫩叶。5月上旬幼虫孵化，潜食叶肉，5月底出现成虫。

3. 成虫体长2.6~3.1 mm，体背及足棕色，全身密被灰白色倒伏短毛；头黑；喙黑色，端部黄色；触角黄色，着生于喙基部2/5处。鞘翅基部具黑色斑纹，2/3处也有黑斑，独立或相连；雄虫斑纹明显，雌虫小或无。

寄主

榆。

防治措施

1. 保护寄生蜂和鸟类等天敌。

2. 越冬代成虫出蛰为害期，喷高渗苯氧威。

3. 幼虫孵化后，喷洒爱福丁防治。

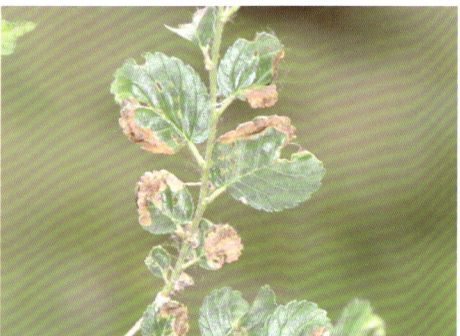
为害状

| 杨潜叶跳象 | *Rhynchaenus empopulifolis* Chen | 象甲科 | Curculionidae |

杨潜叶跳象属鞘翅目象甲科，以成虫、幼虫取食叶片为害。

特点

1.成虫体长2.3～3 mm，近椭圆形，后足腿节粗壮发达，善于跳跃；幼虫体长2 mm。

2.一年发生1代，以成虫在树皮裂缝、枯枝落叶和石块下、土壤浅层越夏、越冬；4月上旬越冬代成虫开始出蛰，4月下旬幼虫开始为害，5月中旬老熟幼虫开始化蛹，5月下旬第1代成虫开始啃食叶片下表皮和叶肉补充营养，一直持续到10月下旬，为害严重时，可造成大量落叶。

3.幼虫多从叶缘潜入叶片，在叶片上形成圆形"叶苞"，随后"叶苞"脱落并在

成虫

幼虫

叶苞与蛹

脱落地面的叶苞

叶片上留下一个圆孔；幼虫带动"叶苞"弹跳到低洼处群集化蛹。

寄主

小叶杨、青杨、北京杨和加杨等。

防治措施

1.及时清理枯枝落叶，翻耕树冠下的土壤，消灭越冬成虫。

2.成虫发生期，使用烟碱•苦参碱喷烟防治；初孵幼虫期，喷洒高渗苯氧威等防治。

3.利用其在树下群集化蛹的习性，人工收集"叶苞"。

幼虫及为害状

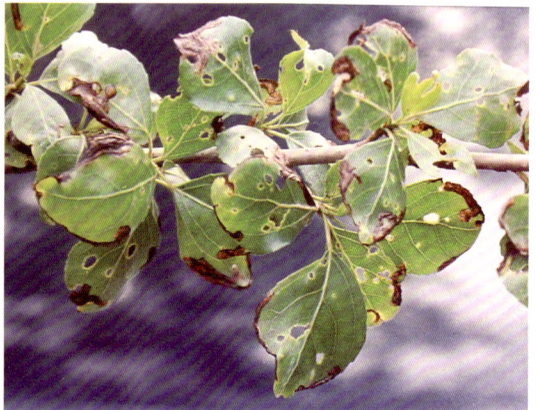

幼虫及为害状

| 大灰象甲 | *Sympiezomias velatus* (Chevrolat) | 象甲科 | Curculionoidea |

大灰象甲又名大灰象虫、大灰象、大灰象鼻虫，属鞘翅目象甲科，是一种食叶类害虫。

特点

1.成虫喜食苗木新芽、嫩叶，多在傍晚群集于幼苗芽眼间取食为害和交尾；成虫具有假死性；雌成虫产卵时，用足将叶片正向折叠，在叶缝中产卵并用分泌物黏合，卵块状；幼虫孵化后脱离卵壳落地后迅速爬行，入土取食腐殖质和微细根，但对苗木影响不大，幼虫期1年左右。

成虫

成虫

2.两年发生1代，第一年以幼虫在土壤中越冬，第二年以成虫在土壤中越冬。4月上旬成虫出土活动，4月中旬至5月中旬为害严重；5月下旬，雌成虫在折叶间产卵；6月上旬至翌年6月下旬为幼虫期，6月下旬至7月上旬为蛹期，7月上中旬出现成虫并进入越冬状态。

3.成虫体长9～12 mm，灰黄或灰黑色，密被灰白色鳞片；头部和喙密被金黄色鳞片，复眼大而凸出；鞘翅近卵圆形，具褐色云斑，每个鞘翅上有纵沟10条。老熟幼虫体长14 mm，乳白色，头部米黄色。

寄主

苹果、梨、桃、核桃、板栗、紫穗槐、刺槐、国槐、杨和柳等。

防治措施

1.人工振落捕捉成虫。
2.使用高渗苯氧威、植物源类等药剂喷雾防治成虫。

| 元宝枫细蛾 | *Caloptilia dentata* Liu et Yuan | 细蛾科 | Gracillariidae |

元宝枫细蛾属鳞翅目细蛾科，是一种食叶类害虫。

特点

1.成虫喜食花蜜和糖水补充营养，白天潜伏草丛，栖息时呈三角架状，并产卵于寄主叶片主脉周边；幼虫孵化后潜入叶肉并向叶缘、叶尖潜食，在叶尖将叶片卷成筒状继续为害，老熟后在叶背做薄茧化蛹。

2.一年发生3～4代，以成虫在草丛根际处越冬。4月上旬成虫开始产卵，4月下旬为第1代幼虫潜叶为害盛期，5月上旬为卷叶盛期；6月下旬第2代幼虫开始孵化，7月上旬开始卷叶为害；7月下旬第3代幼虫孵化并潜叶为害，8月上中旬为卷叶盛期。

3.成虫分夏型和冬型：夏型体长4～4.6 mm，前翅狭长，由黑、褐、黄、白色鳞片组成，中部有明显的金黄色三角形斑1个，后翅灰褐色，披针形；冬型体长4.7～4.9 mm，前翅黑褐色，三角形斑为土黄色；老熟幼虫体长7 mm，圆筒形，乳黄色。

寄主

元宝枫、五角枫。

防治措施

1.秋冬季清除寄主周边的杂草，消灭越冬成虫。

2.卷叶前，使用除虫脲、植物源类等药剂喷雾防治幼虫。

3.保护利用小茧蜂、蚜小蜂、姬小蜂和蚂蚁等天敌。

幼虫

幼虫

潜道

幼虫及为害状

为害状

为害状

为害状

| 国槐小潜蛾 | *Phyllonorycter acucilla* Mn. | 叶潜蛾科 | Phyllocnistidae |

国槐小潜蛾又名国槐潜蛾，属鳞翅目叶潜蛾科，以幼虫潜叶为害为主。

特点

1.成虫体长2 mm，银白色，有光泽，前翅外缘臀角处有一个近三角形的褐色斑；幼虫个体小，黄白色，老熟幼虫仅为2.5～4 mm。

2.一年发生2～3代，以蛹茧在枝干或建筑物的缝隙处越冬。

3.老熟幼虫具有吐丝下垂，严重扰民的习性。

寄主

国槐、龙爪槐等。

防治措施

1.及时刷除树枝、树干和建筑物上的虫茧。

2.幼虫发生盛期，使用高渗苯氧威、吡虫啉等喷雾防治。

3.使用诱虫杀虫灯监测诱杀成虫。

4.少量发生时，可人工摘除虫叶。

食叶类害虫

成虫

国槐树干上的茧

树干上的垂丝

叶片上幼虫结茧状

叶片背面受害状

叶片正面受害状

124　北京林业有害生物

在砖缝处结茧

汽车门边结茧状

| 杨银叶潜蛾 | *Phyllocnistis saligna* Zeller | 叶潜蛾科 | Phyllocnistidae |

杨银叶潜蛾属鳞翅目叶潜蛾科，是一种潜叶类害虫。

特点

1.以幼虫在叶片表皮下潜食叶肉为害，并在叶脉间形成银白色潜道，但潜道不形成坏死斑；成虫产卵于叶面。

2.一年发生4代，以成虫和蛹在地表缝隙或落叶中越冬，6～10月为幼虫为害期。

3.成虫体长约3.5 mm，银白色；头顶平滑；前翅中央有褐色纵纹2条，纵纹之间为金黄色；老熟幼虫体长约6 mm，浅黄绿色，体表光滑，足退化，体节明显；蛹长约3.5 mm，浅褐色，头顶有钩，侧面有突起。

寄主

杨。

防治措施

1.人工清除枯枝落叶，消灭越冬成虫和蛹。

2.使用诱虫杀虫灯监测诱杀成虫。

3.使用除虫脲、灭幼脲、高渗苯氧威等药剂喷雾防治低龄幼虫。

4.卵期释放赤眼蜂等天敌防治。

为害状

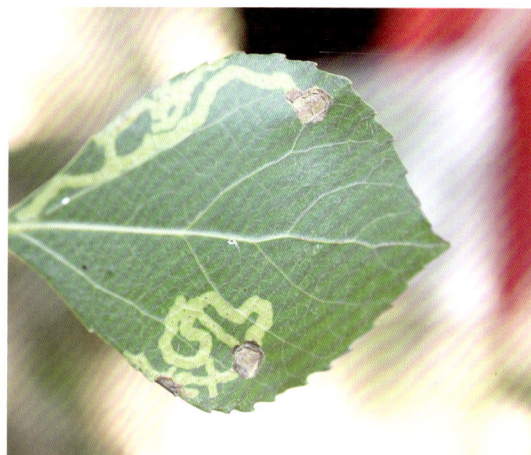

为害状

| 桃潜叶蛾 | *Lyonetia clerkella* Linnaeus | 潜蛾科 | Lyonetiidae |

桃潜叶蛾属鳞翅目潜蛾科，是一种潜叶类害虫。

特点

1.成虫具有较强的迁移能力和趋光性；幼虫在叶内潜食并形成白色弯曲的蛀道，受害叶片仅剩上下表皮，常造成受害叶片提前脱落。

2.一年发生6代，以成虫在杂草、落叶层或树皮缝中越冬；3月上旬至4月下旬越冬代成虫出蛰活动；幼虫老熟后由虫道末端咬破上表皮爬出，在叶表活动数分钟后吐丝下坠，然后至叶背、杂草、树干等处结茧化蛹。

3.成虫体长约3 mm，全体银白色，触角长于体；幼虫长约6 mm，长筒形，稍扁，淡绿色，具3对黑褐色胸足。

寄主

桃、李、杏、樱桃、苹果和山楂等。

防治措施

1.秋冬季清除落叶、杂草丛，刮除老粗树皮，消灭越冬成虫；人工摘除虫叶。
2.使用性信息素诱芯、糖醋液和诱虫杀虫灯监测诱杀成虫。

3.低龄幼虫期，使用除虫脲、灭幼脲、高渗苯氧威等喷雾防治。

4.保护利用姬小蜂、草蛉等天敌。

成虫

吐丝结茧状

桃树叶片受害状（前期）

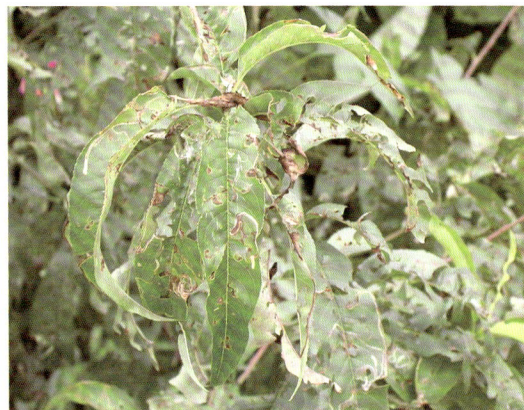

桃树叶片受害状（后期）

| 杨白潜蛾 | *Leucoptera susinella* Herrich-Schäffer | 潜蛾科 | Lyonetiidae |

杨白潜蛾又名杨白纹潜蛾、杨白潜叶蛾等，属鳞翅目潜蛾科，是一种潜叶类害虫。

特点

1.成虫具有趋光性，并产卵于叶片正面；以幼虫在叶片表皮下潜食叶肉为害，特别是可在潜道处形成黑褐色坏死斑，严重时叶片焦枯脱落；茧呈"沙漏"形。

2.一年发生3代，以蛹在茧内越冬，越冬茧少数在落叶上，多数在树皮裂缝处。5～9月为幼虫发生期。

3.成虫体长3 mm，银白色，前翅臀角有黑色近三角形斑纹1个，后翅缘毛极长，呈"羽"状。幼虫体长6.5 mm。

寄主

杨和柳。

防治措施

1.使用诱虫杀虫灯监测诱杀成虫。

2.冬季刷除在树干和建筑物上越冬的茧蛹。

3.使用除虫脲、灭幼脲和高渗苯氧威等药剂喷雾防治低龄幼虫。

4.保护和利用寄生性天敌。

幼虫

叶片上的茧

树干上的茧

树干上的茧

树干上的茧

蛹

蛹

蛹及为害状

为害状

为害状

为害状

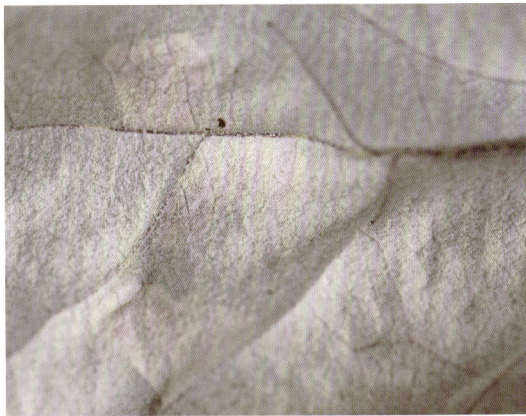

为害状

| 含羞草雕蛾 | *Homadaula anisocentra* (Meyrick) | 雕蛾科 | Glyphipterygidae |

含羞草雕蛾属鳞翅目雕蛾科，是一种食叶类害虫。

特点

1.初孵幼虫啃食叶片，叶片出现灰白色网状斑；虫体稍大后吐丝把小枝条和叶连缀在一起，群体藏在巢内咬食叶片为害；幼虫受惊后非常活跃，吐丝下垂。

2.一年发生2代，以蛹在树皮缝、树洞、附近建筑物和墙檐下越冬；6月中下旬越冬代成虫羽化，7月中下旬第1代幼虫孵化，8月上中旬第1代成虫羽化，8月中下旬越冬代幼虫孵化并易出现灾害，9月下旬第2代幼虫化蛹越冬。

3.成虫体长6 mm，前翅上有许多不规则、大小不等黑点；老熟幼虫体长13 mm，背中央和两侧有纵向黄绿色线5条。

寄主

合欢和皂荚等。

防治措施

1.秋、冬或早春，刮刷树皮及附近建筑物上的越冬蛹。

2.幼虫做巢期，剪除虫巢。

3.幼虫期，敲打树枝，振落幼虫，集中捕杀。

4.初龄幼虫期，使用除虫脲、灭幼脲等喷雾防治。

幼虫

合欢受害状

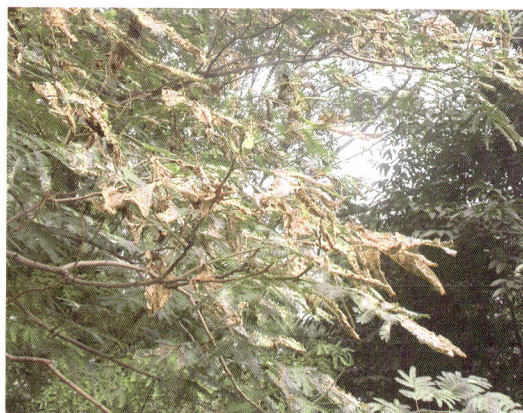
合欢受害状

| 苹果巢蛾 | *Yponomeuta padella* Linnaeus | 巢蛾科 | Yponomeutidae |

苹果巢蛾属鳞翅目巢蛾科，是一种食叶类害虫。

特点

1.幼虫吐丝结网做巢，在巢内取食叶肉为害；老熟幼虫在巢内化蛹；蛹在茧内，头部朝下，并可在茧内摇摆。

2.一年发生1代，以1龄幼虫在卵壳下越夏和越冬。4月中旬越冬幼虫出壳，成群将嫩叶丝缚在一起为害。

3.成虫体长8 mm，头、胸、腹为白色，胸背有黑点5个，前翅灰白色，有黑点 4 列，后翅翅面无黑点；老熟幼虫体长19 mm，黑灰色。

寄主

山荆子、海棠、沙果、苹果、山楂、樱桃、梨和杏等。

防治措施

1.人工摘除网幕清除幼虫和蛹。
2.使用除虫脲、灭幼脲等药剂喷雾防治低龄幼虫。

幼虫群集为害

结网、结茧

结网、结茧

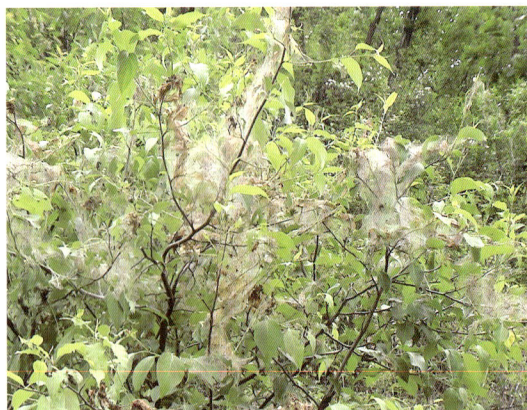

为害状

| 国槐小卷蛾 | *Cydia trasias* (Meyrick) | 卷蛾科 | Tortricidae |

国槐小卷蛾又名国槐叶柄小蛾，属鳞翅目卷蛾科，是一种钻蛀类枝梢害虫。

特点

1.初孵幼虫从叶柄基部蛀入；受害处有胶状物和黑色丝状物堆积，常造成受害枝叶下垂、脱落；幼虫具有多次转移为害的习性。

2.一年发生3代，以幼虫在果荚、枝条内或树皮裂缝等处越冬；成虫发生期分别在5月中旬至6月中旬、7月中旬至8月上旬；幼虫期分别为6月上旬至7月下旬、7月中旬至9月下旬；7月以后世代不整齐；8月中下旬槐树果荚形成后，幼虫转移到果荚内为害，9月即可见到受害槐豆变黑，10月上旬大多数幼虫进入越冬状态。

3.成虫体长5 mm，体黑褐色，翅近顶角处有白色横纹4条；胸背和翅基部有蓝色闪光鳞片；老熟幼虫体长11 mm。

4.成虫有较强的趋光性；幼虫主要为害复叶，也可为害嫩枝等部位。

成虫

幼虫及为害状

侵入孔及为害状

侵入孔及为害状

寄主

国槐、龙爪槐和蝴蝶槐等。

防治措施

1.结合秋冬修剪，剪除豆荚及有虫枝条。

2.利用性信息素诱芯和诱虫杀虫灯监测诱杀成虫。

3.成虫发生高峰期，使用高渗苯氧威等树冠喷雾防治。

侵入孔及为害状

龙爪槐受害状

| 梨星毛虫 | *Illiberis pruni* Dyar | 斑蛾科 | Zygaenidae |

梨星毛虫又名梨叶斑蛾、饺子虫、梨狗子，属鳞翅目斑蛾科，是一种食叶、食芽、食花害虫。

特点

1.花芽、叶芽受害处常有汁液流出；受害叶片呈"饺子"状，幼虫在"饺子"内取食叶肉为害；初孵幼虫不包叶，在叶片背面取食叶肉形成虫斑。

2.一年发生1代，以低龄幼虫在树

成虫

干、主枝等粗皮裂缝或钻入花芽内结茧越冬，在树皮光滑的树干基部土壤中结茧越冬。

3.成虫体长9～12 mm，灰黑色，翅半透明。

4.老熟幼虫体长20 mm，白色或黄白色，纺锤形，体背两侧各有黑色斑点1列，每节背面有横列白色毛丛6个。

寄主

梨、苹果、杏、沙果、海棠、山荆子、山楂、李、桃、樱桃和杜梨等。

防治措施

1.早春刮除老粗树皮集中销毁；人工摘除受害叶片、虫苞防治。

2.越冬幼虫出蛰至蛀入芽苞前是防治的关键时期，使用碱•苦参碱等触杀类药剂喷雾防治。

成虫

成虫交尾

成虫及为害状

幼虫

老熟幼虫结茧

为害状

虫苞

为害状

草地螟	*Loxostege sticticalis* (Linnaeus)	草螟科	Crambidae

草地螟又名网锥额野螟、甜菜网螟、甜菜螟蛾、扑灯蛾等，属鳞翅目草螟科，主要为害禾本科植物，是一种迁飞性、间歇性食叶害虫。

特点

1.成虫体长8～12 mm，夜晚趋光（日光灯）性强，白天趋色（浅黄色花、紫色花）性强，具有周期性暴发的习性。

2.一年发生2～3代，以老熟幼虫在土中结茧越冬。老熟幼虫体长16～25 mm。

3.初孵幼虫有群集为害的习性，低龄幼虫有结网为害的习性，高龄幼虫具有暴食性。

4.严重发生时，禾本科植物叶片仅剩纤维状叶脉。

5.产卵具有很强的选择性，喜欢在藜科、蓼科、十字花科等花蜜较多的植物叶片、叶柄、茎杆、枯枝落叶上产卵。

寄主

禾本科植物、杨、柳、榆、沙枣、落叶松和水曲柳等。

防治措施

1.成虫发生期，使用诱虫杀虫灯和性信息素诱芯监测诱杀防治。

2.低龄幼虫破网前，使用植物源类药剂、高渗苯氧威、除虫脲等喷雾防治。

成虫

群集花丛的成虫

幼虫及为害状

幼虫

奥运场馆草地螟应急处置现场培训

杀虫灯诱集成虫

奥运场馆中心区草地螟扑灯

草地螟扑灯

| 黄翅缀叶野螟 | *Botyodes diniasalis* Walker | 草螟科 | Crambidae |

黄翅缀叶野螟又名杨黄卷叶螟、杨卷叶螟、杨卷叶蛾、杨黄缀叶螟，属鳞翅目草螟科，是一种食叶类害虫。

特点

1.低龄幼虫黏缀嫩叶做"巢"，呈"饺子"状，高龄幼虫群集顶梢为害；阴天多雨，湿度较大，幼虫为害严重。

2.一年发生3代，以低龄幼虫在枯枝落叶和树皮缝内结茧越冬，翌年春季杨柳发芽展叶期，越冬幼虫出蛰为害；第2代，即8月易出现灾害。

3.成虫体长约13 mm，翅黄色，具波状褐纹，外缘有褐色带，前翅中部具褐色环状肾形斑1个；成虫趋光性强。

4.幼虫体黄绿色，头两侧近后缘有黑褐色斑点1个，与胸部两侧褐斑相连，延伸成纵纹。幼虫体长25 mm。

寄主

杨、柳等。

防治措施

1.剪巢防治。

2.使用诱虫杀虫灯监测诱杀成虫。

3.低龄幼虫期，使用除虫脲等药剂喷雾防治。

成虫

幼虫

幼虫

老熟幼虫

老熟幼虫

蛹

为害状

黄杨绢野螟	*Diaphania perspectalis* (Walker)	螟蛾科	Pyralidae

黄杨绢野螟又名黄杨黑缘螟蛾，属鳞翅目螟蛾科，以幼虫取食叶片、嫩梢为害为主。

特点

1.成虫体长30 mm，翅半透明，有绢丝光泽，前翅前缘和外缘、后翅外缘呈"枯边"状，前翅近前缘中部有"肾形斑"1个；幼虫吐丝缀叶结巢，喜食新梢和嫩叶；

老熟幼虫体长35 mm。

2.一年发生2代，以2龄幼虫吐丝缀叶结茧越冬。

3.幼虫取食叶片表皮和叶肉，仅留下叶脉或将叶柄咬断；严重发生时，仅剩丝网、残叶和碎片。

寄主

小叶黄杨、大叶黄杨、雀舌黄杨、冬青和卫矛等。

防治措施

1.结合冬剪剪除越冬虫包。

2.人工捕杀缀叶结巢的幼虫和蛹。

3.使用诱虫杀虫灯监测诱杀成虫。

4.幼虫期，利用除虫脲、烟碱•苦参碱等药剂喷雾防治。

成虫

幼虫

幼虫化蛹

蛹

为害状

为害状

| 缀叶丛螟 | *Locastra muscosalis* (Walker) | 螟蛾科 | Pyralidae |

缀叶丛螟又名核桃缀叶螟、木橑黏虫，属鳞翅目螟蛾科，是一种食叶类害虫。

特点

1.低龄幼虫在叶片正面吐丝结网，高龄幼虫黏缀叶片做巢，呈"筒"形，1个叶筒内仅有1头幼虫；幼虫活泼，受惊吐丝下坠或退回筒巢内。

2.一年发生1代，以老熟幼虫在树冠下土壤和杂草灌木丛中结茧越冬；6月越冬老熟幼虫化蛹，7月中旬为羽化盛期；8月下旬新一代老熟幼虫陆续下树越冬。

3.雌成虫体长17～19 mm，雄成虫体长14～16 mm；老熟幼虫体长34～40 mm，前胸背板黑色，前缘有黄色斑点6个，背中线较宽，杏红色，两侧有较细的黑线，体侧各节均有黄白色斑点。

寄主

火炬树、核桃、臭椿、黄栌、黄连木、女贞、盐肤木和桤木等。

防治措施

1.剪巢防治；秋季挖除土壤中的越冬虫茧。

2.低龄幼虫期，使用除虫脲等药剂喷雾防治。

3.使用诱虫杀虫灯监测诱杀成虫。

幼虫

幼虫及为害状

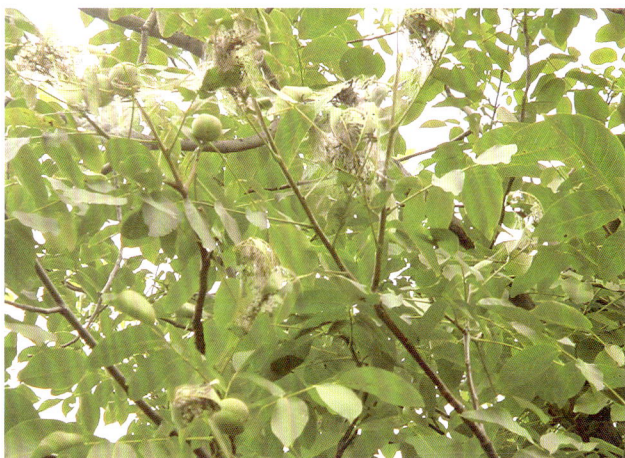
核桃树受害状

双线棘丛螟	*Termioptycha bilineata* (Wileman)	螟蛾科	Pyralidae

双线棘丛螟属鳞翅目螟蛾科，以幼虫取食叶片为害。

特点

1.成虫体长9.8～11.0 mm，前翅长9.6～11.0 mm；体背浅，红褐色；前翅浅红褐色，横线黑色，内线斜的伸向后侧缘，稍呈弧形，不达前缘，前缘的外侧具黑斑；外线在中部明显外凸，有时在线外侧具大片暗褐区；翅基、中室内及端脉上具黑褐色鳞丛；后翅及前后翅反面灰白色，端部灰褐色。

卵椭圆形，扁平，长0.95～1.02 mm（平均0.99 mm），宽0.60～0.66 mm（平均

0.62 mm），桃红色，有时具蜡白色斑块或条纹。

幼虫　初孵幼虫淡黄色，后期体背两侧可见2条浅红紫色纵线随着龄期的增加，纵线明显，且线的数量可能增加。老熟幼虫体长25 mm，头浅黄色或黄绿色，具红褐色或黄褐色众多斑点；从前胸至腹末具多条纵线，体侧明显可见2条褐紫色线，腹背1～8节两侧前后各具2根细长的刚毛。

茧　椭圆形，柱状，丝茧外黏缀土粒或沙粒，茧长13.0～16.5 mm，宽5.4～9.9 mm。

蛹　初化蛹为绿色，后逐渐变为红褐色或褐色，长10.2～13.1 mm，宽2.9～4.0 mm；腹末端具横向排列的臀棘8根，臀棘顶部具弯钩。

2. 一年发生2代，以蛹在薄土茧中越冬。茧在枯枝落叶下及浅土表中，深度不超过3 cm，茧上有一层沙土。5月下旬越冬代成虫羽化，至6月中旬仍有越冬代成虫羽化，6月上旬幼虫开始孵化，6月底进入第1代幼虫为害盛期（直至7月下旬）；第2代幼虫为害时间从7月下旬持续至10月，8月下旬至9月中旬是第2代幼虫为害高峰期。

3. 幼虫吐丝黏叶成筒状（瓦片状），或将多叶黏在一起呈巢状，居于其中取食叶片。虫量小时，多在萌蘖或下部叶片上为害；量大时，可将全树叶片吃光，整株树上有幼虫吐丝缀成的白色薄网幕。

幼虫

幼虫

幼虫

幼虫极其活泼，一旦受惊即在巢内退缩爬行，虫龄大的会从网巢内坠到地面，迅速躲避于枯枝落叶中。受惊扰时，虫体可弹跳离开地面，爬行速度快。

寄主

火炬、黄栌、罗氏盐肤木和麻栎等。

防治措施

1.使用诱虫杀虫灯监测诱杀成虫。
2.初孵幼虫期，使用除虫脲悬浮剂、苦参碱等药剂喷雾防治。
3.保护利用侧条宽颚步甲、细黄胡蜂等天敌。

| 黄刺蛾 | *Cnidocampa flavescens* (Walker) | 刺蛾科 | Limacodidae |

黄刺蛾又名枣刺蛾、刺毛虫、黄刺毛、八角虫，俗称"洋刺子"，属鳞翅目刺蛾科，是一种食叶类害虫。

特点

1.幼虫食性杂；初孵幼虫取食叶肉，叶片成网状；老龄幼虫取食叶片成缺刻，仅留叶脉；幼虫体背有头尾紫褐色、中间蓝色的"哑铃"形斑纹；茧椭圆形，质坚硬，黑褐色，有灰白色不规则纵条纹，似"麻雀蛋"。
2.一年发生1～2代，以老熟幼虫在枝干或树皮缝结茧越冬。
3.成虫体长10～13 mm，前翅内半部黄色，外半部为黄褐色；幼虫体背散生黄绿色枝刺，枝刺顶端有黄绿色或黑色刺毛，刺毛有毒，老熟幼虫体长24 mm。

寄主

杨、柳、榆、桑、枫、樱桃、槭、法国梧桐、海棠、红叶李、悬铃木和梅等。

防治措施

1.冬季人工摘除越冬"麻雀蛋"茧。
2.使用诱虫杀虫灯监测诱杀成虫。
3.低龄幼虫期，使用除虫脲、灭幼脲悬浮剂等喷雾防治；高龄幼虫期，使用高渗苯氧威等喷雾防治。

　　4.保护利用紫姬蜂和广肩小蜂等天敌。

成虫

幼虫

幼虫

幼虫

初孵幼虫为害状

越冬虫茧

| 褐边绿刺蛾 | *Parasa consocia* Walker | 刺蛾科 | Limacodidae |

褐边绿刺蛾又名青刺蛾、褐缘绿刺蛾、四点刺蛾、绿刺蛾，属鳞翅目刺蛾科，是一种食叶类害虫。

特点

1.成虫有趋光性，昼伏夜出，产卵于叶背，呈"鱼鳞状"排列；幼虫3龄前有群集为害习性，常造成叶片缺刻和孔洞，严重发生时叶片仅剩叶脉；老熟幼虫体节两侧各有黄色瘤状刺突4个，腹部第8，9节各有蓝黑色瘤状刺球2个，背中线天蓝色，两侧有深蓝色点线。

2.一年发生1代，以老熟幼虫在表土层结茧越冬。初孵幼虫不取食，3、4龄以后吃穿叶表皮，5龄以后多从叶缘向内蚕食。

3.成虫体长12～17 mm，头部、胸部粉绿色，前翅绿色，基角有略带放射状褐色斑纹，外缘有棕黄色宽带即"褐边"；老熟幼虫体长25～28 mm，体粗短，淡鲜绿色。

寄主

杨、柳、悬铃木、榆、枣、苹果、梨、桃、李、柿、核桃、板栗、山楂、刺槐、青桐、栎、黄连木、红叶李、白蜡、枫杨、泡桐、大叶黄杨、紫薇、紫荆、月季、海棠、牡丹和芍药等。

成虫

成虫

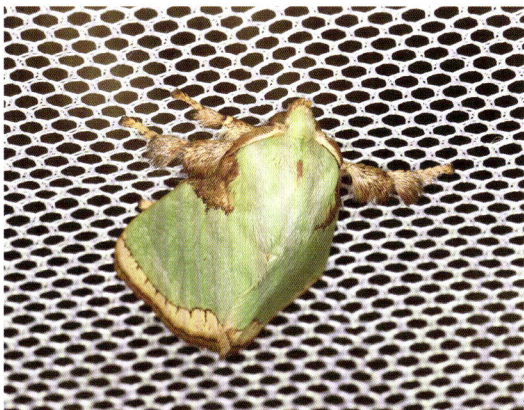

成虫

防治措施

1.人工捕杀群集为害的幼虫。

2.使用诱虫杀虫灯监测诱杀成虫。

3.使用除虫脲、灭幼脲等药剂喷雾防治低龄幼虫；使用植物源类等药剂喷雾防治高龄幼虫。

4.保护利用紫姬蜂等天敌。

幼虫

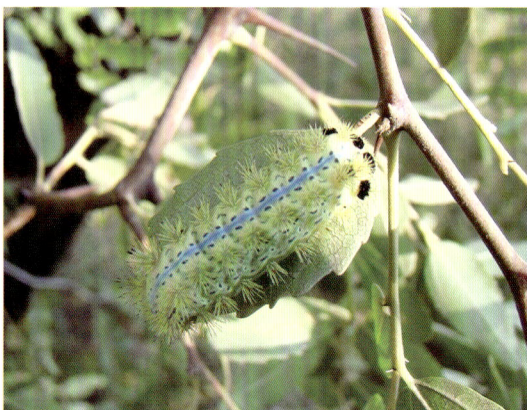

幼虫

中国绿刺蛾	*Parasa sinica* Moore	刺蛾科	Limacodidae

中国绿刺蛾又名中华青刺蛾、绿刺蛾、苹绿刺蛾，属鳞翅目刺蛾科，是一种食叶类害虫。

特点

1.1龄幼虫不食不动，2龄以后幼虫将叶片食成网状或缺刻状。

2.一年发生1代，以老熟幼虫在枝干上或浅土中结茧越冬；6月中下旬成虫羽化，成虫昼伏夜出，有趋光性。

3.成虫产卵于叶背，卵呈鱼鳞状排列。

4.成虫体长12 mm，老熟幼虫体长15～20 mm。

寄主

枣、法国梧桐、槭、桑、杨、柳、榆、刺槐、苹果、桃、梨和李等。

防治措施

1.低龄幼虫期，摘除虫枝、虫叶。

2.冬春季节，人工清除虫茧，消灭越冬幼虫。

3.使用诱虫杀虫灯监测诱杀成虫。

4.幼虫期，使用除虫脲、高渗苯氧威等喷雾防治。

成虫

成虫

幼虫

| 白眉刺蛾 | *Narosa edoensis* Kawada | 刺蛾科 | Limacodidae |

白眉刺蛾属鳞翅目刺蛾科，是一种食叶类害虫。

特点

1.初孵幼虫仅食叶肉，大龄幼虫取食叶片，形成孔洞。成虫昼伏夜出，有趋光性。

2.一年发生2代，以幼虫在枝干上结茧越冬。5月下旬至7月上旬和8月上中旬至10月分别为各代幼虫发生期。

3. 成虫白色，体长约7 mm，翅面散生灰黄色小云斑，有近"S"形黑线纹1条，近外缘处有小黑点1列；幼虫亚背线浅黄色，隆起，中部各有红点2个。老熟幼虫体长约8 mm，黄绿色，"龟壳"状，无明显刺毛；茧灰褐色，"腰鼓"形，表面光滑。

寄主

榆、杏梅、石榴、樱花、月季、樱桃、核桃、枣、紫荆、桃、杏、梨、李和栎等。

防治措施

1.人工清除越冬茧。

2.使用诱虫杀虫灯监测诱杀成虫。

3.严重发生时，使用植物源类药剂喷雾防治幼虫。

幼虫

低龄幼虫

幼虫

幼虫

为害状

| 扁刺蛾 | *Thosea sinensis* (Walker) | 刺蛾科 | Limacodidae |

扁刺蛾属于鳞翅目刺蛾科，是一种食叶类害虫。

特点

1.初孵幼虫有群集为害的习性；幼虫昼夜取食为害，并有取食卵壳的习性。

2.一年发生1代，以老熟幼虫在树下土中做茧越冬；6月上旬成虫开始羽化；6月中旬至8月下旬为幼虫为害期。

3.成虫体长14～17.5 mm，灰褐色，前翅自前缘近中部向后缘有1条褐色线；前足各关节有白斑1个；老熟幼虫体长22～26 mm，椭圆形，扁平，淡绿色，背中部有1条贯穿头尾的白色纵线，两侧衬有蓝绿色窄边，背中线近中部两侧各有橘红色小点1个。

寄主

枣、杨、柳、榆、桑、刺槐、银杏、泡桐、大叶黄杨、柿树、丁香、黄杨、海棠和榆叶梅等。

防治方法

1.使用诱虫杀虫灯监测诱杀成虫。
2.幼虫发生期，使用烟碱•苦参碱、高渗苯氧威可湿性粉剂等药剂喷雾防治。

成虫

幼虫

食叶类害虫

幼虫背面

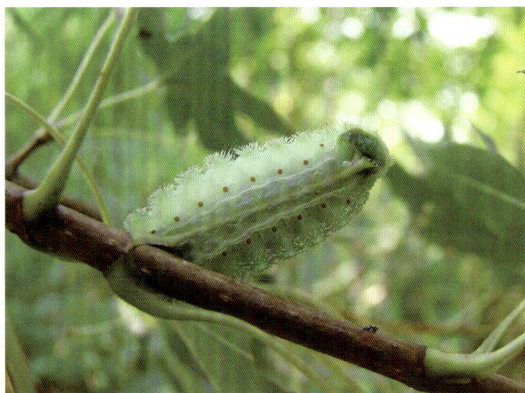

幼虫腹面

| 枣奕刺蛾 | *Iragoides conjuncta* (Walker) | 刺蛾科 | Limacodidae |

枣奕刺蛾又名枣刺蛾、褐刺蛾、台湾刺蛾，属鳞翅目刺蛾科，是一种食叶类害虫。

特点

1.老熟幼虫体背有红色长枝刺6对，背部中央有蓝绿色云纹1列，体节两侧下方各有红色短刺毛丛1个；成虫产卵于叶背，卵呈片状排列；成虫具有趋光性。

2.一年发生1代，以老熟幼虫在树干根颈部7～9 cm的土内结茧越冬。翌年6月上旬化蛹，7月为成虫羽化盛期，8月为幼虫严重为害期，9月幼虫陆续老熟并下树结茧越冬。

3.成虫体长14 mm，褐色，腹部背面各节有"人"字形的褐红色鳞毛，前翅近外缘有相连的菱形斑纹2块；老熟幼虫体长20～21 mm。

寄主

枣、柿树、梨、苹果、杏、桃、核桃、樱桃、刺槐、紫荆、悬铃木和臭椿等。

防治措施

1.人工挖除根颈周边土壤中的越冬茧，人工摘除带有初孵幼虫的叶片。

2.使用诱虫杀虫灯监测诱杀成虫。

3.使用Bt、灭幼脲类等药剂喷雾防治低龄幼虫，使用植物源类等药剂喷雾防治高龄幼虫。

成虫

幼虫

幼虫

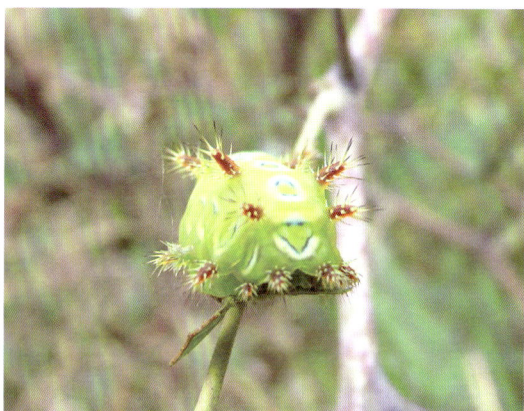

幼虫

| 榆凤蛾 | *Epicopeia mencia* Moore | 凤蛾科 | Epicopeiidae |

榆凤蛾又名粉笔虫、榆燕蛾，属鳞翅目凤蛾科，是一种食叶类害虫。

特点

1.初孵幼虫体黑色，2龄后全身被有较厚的白色蜡粉，形似"粉笔"；低龄幼虫喜食枝条端部嫩叶，剥食叶肉；7，8月为害最重，可将受害树叶片吃光；成虫白天常于路边飞舞，形似凤蝶。

2.一年发生1代，以老熟幼虫在寄主周边的土壤中吐丝黏结土粒做茧化蛹越冬。6月成虫羽化，雌虫产卵于叶面上；9月老熟幼虫下树越冬。

3.成虫体长19～22 mm，体翅黑褐色，后翅臀角有尾状突起，沿后缘有不规则红斑2列，胸、腹部褐色，前胸两肩板上各有红点1个，腹末数节后缘红色；老熟幼虫体长44～58 mm，头黑色，蜡粉融掉后体色淡绿。

寄主

榆。

防治措施

1.人工挖蛹防治，人工振落捕杀幼虫。
2.使用除虫脲、灭幼脲等药剂喷雾防治低龄幼虫。

幼虫

| 丝绵木金星尺蠖 | *Abraxas suspecta* Warren | 尺蛾科 | Geometridae |

丝绵木金星尺蠖又名白杜尺蠖、卫矛尺蠖、木金星尺蛾，属鳞翅目尺蛾科，是一种食叶类害虫。

特点

1.常将叶片吃光，形成团块状斑秃；初孵幼虫有群集为害习性；幼虫有假死性，受惊后吐丝下垂；成虫有趋光性，飞翔能力不强。
2.一年发生3代，以蛹在土壤中越冬；5月上中旬成虫羽化，卵产于叶背、枝干及树皮裂缝中；5月下旬至6月中旬、7月中旬至8月上旬、8月中旬至9月中旬分别为各代幼虫为害期。

3.成虫体长17 mm，翅白色，具有淡灰和黄褐色不规则斑纹，腹部为黄色；幼虫黑色，布满纵向白色细线，两侧线条黄色，老熟幼虫体长28～32 mm。

寄主

丝棉木（明开夜合、白杜）、榆、卫矛、杨、柳、大叶黄杨、国槐、柏、黄连木和板栗等。

卵块

成虫

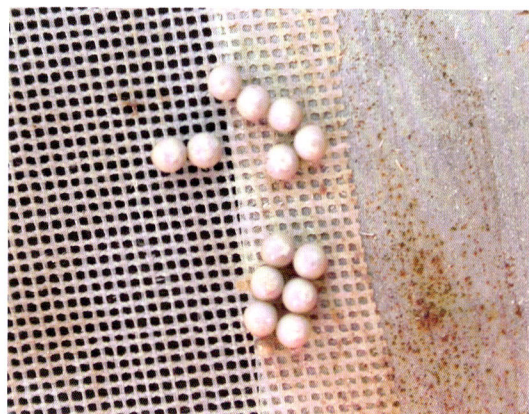

卵

幼虫

蛹

防治措施

1.翻树盘，消灭越冬蛹。

2.使用诱虫杀虫灯监测诱杀成虫。

2.低龄幼虫期，使用除虫脲等喷雾防治；高龄幼虫期，使用烟碱•苦参碱等喷雾防治。

3.保护利用追寄蝇、姬蜂、螳螂、猎蝽和益鸟等天敌。

| 黄连木尺蠖 | *Culcula panterinaria* (Bremer et Grey) | 尺蛾科 | Geometridae |

黄连木尺蠖又名黄连木尺蛾、木橑尺蛾、木橑尺蠖、木橑步曲、核桃棍虫，属鳞翅目尺蛾科，是山区、半山区为害林木、果树的食叶类害虫。

成虫

幼虫

幼虫

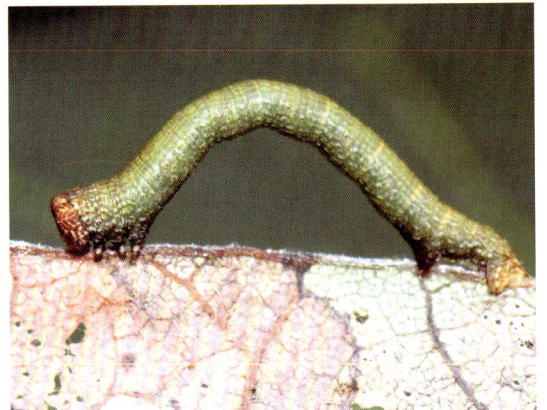
幼虫

特点

1.幼虫静止时，喜在叶片或小枝上将身体向外直立伸出，俗称"棍虫"。

2.一年发生1代，以蛹在树冠下潮湿浅土层3 cm左右处或砖瓦石块下越冬。越冬蛹最早在6月上旬羽化，7月中下旬为羽化盛期，8月上旬为羽化末期；幼虫于7月上旬孵化，7月下旬至8月上旬为盛期，8月中旬进入暴食期；老熟幼虫于8月中旬化蛹，9月中旬化蛹结束。

3.成虫体长20～31 mm，翅白色，头、胸和前翅基部呈橙黄色，前翅和后翅外横线处有一串大小不等的橙色并伴有褐色的圆斑带；老熟幼虫体长60～85 mm；蛹头部有"耳状"突起，雄蛹生殖孔扁平，雌蛹生殖孔有纵向隆起。

4.成虫趋光性强；严重发生时，白天多在灌木丛、堤坝、梯田壁以及杂草等处栖息。

5.初孵幼虫较活跃，4龄后食量猛增，并有群集转移为害的习性；老熟幼虫多数直接坠地，少数沿树干爬行或吐丝下垂群集化蛹。

幼虫

幼虫

幼虫

幼虫头部

6.郁闭度高的林地发生较重，山沟窝风、山底部的虫口密度明显高于山坡地，陡坡地高于缓坡地；核桃、刺槐林发生较重；冬季少雪、春季干旱的年份，阳坡、植被稀少、土壤含水量低，蛹自然死亡率高。

蛹

寄主

核桃、刺槐、臭椿、板栗和黄连木等。

防治措施

1.春季翻树盘，破坏越冬场所。

2.使用诱虫杀虫灯监测诱杀成虫。

3.低龄幼虫期，使用苏云金芽孢杆菌和黄连木尺蠖核型多角体病毒混配的复合杀虫剂，进行人工地面喷雾或飞机喷雾防治。

4.保护利用大斑啄木鸟、喜鹊、山雀等鸟类和鳞卵黑卵蜂、家蚕追寄蝇等寄生性天敌。

| 桑褶翅尺蛾 | *Zamacra excavata* Dyar | 尺蛾科 | Geometridae |

桑褶翅尺蛾又名桑刺尺蠖、核桃尺蛾，属鳞翅目尺蛾科，是一种食叶类害虫。

特点

1.幼虫黄绿色，腹节背部有明显的赭黄色刺突4个，受到惊吓，头向腹部隐藏，呈"？"状；成虫静息时翅皱叠竖起。

2.一年发生2代，以蛹茧在树干基部的表土和树皮缝内越冬；成虫多产卵于枝梢上。

3.一般第1代幼虫期（4～5月）为害较轻，第2代幼虫期（7月）为害较重；幼虫多从树冠上部取食为害，随着虫龄的增加，逐渐向树冠下部转移为害。

4.雌成虫体长14～15 mm，雄成虫体长12～14 mm，老熟幼虫体长30～35 mm。

寄主

桑、苹果、梨、桃、杨、国槐、榆、刺槐、栾树、核桃、白蜡、女贞、月季、丁香、海棠、元宝枫、金银木、太平花和枣等。

防治措施

1.挖除树干基部表土内的蛹茧。

2.清除枝梢上的卵块。

3.低龄幼虫期，喷施除虫脲等防治；高龄幼虫期，喷洒植物源类药剂防治。

成虫

幼虫

幼虫

为害状

| 国槐尺蠖 | *Semiothisa cinerearia* Bremer et Grey | 尺蛾科 | Geometridae |

国槐尺蠖又名槐尺蛾，俗称"吊死鬼"，属鳞翅目尺蛾科，是北京地区严重扰民的暴食性食叶害虫。

特点

1.幼虫具有吐丝下垂的习性，严重为害时可将叶片全部吃光，仅剩叶脉。

2.一年发生4代，以蛹在树干基部周边的浅土层内或石块下越冬；5月初至9月上旬均有幼虫为害，世代重叠；7月中下旬成灾几率较大。

3.成虫体长12～17 mm，趋光性较强；幼虫有春型和秋型之分，老熟幼虫体长19.5～39.7 mm。

寄主

国槐、龙爪槐和蝴蝶槐等。

防治措施

1.使用诱虫杀虫灯监测诱杀成虫。

2.低龄幼虫期，使用除虫脲、杀铃脲和灭幼脲等喷雾防治；高龄幼虫期，使用植物源类药剂等喷雾防治。

3.第1代低龄幼虫期（5月上中旬）是全年防治的关键时期。

4.卵期释放赤眼蜂等天敌防治。

成虫

幼虫

幼虫

吐丝悬挂的幼虫

1龄幼虫

2龄幼虫

3龄幼虫

国槐受害状

| 春尺蠖 | *Apocheima cinerarius* Erschoff | 尺蛾科 | Geometridae |

春尺蠖又名杨尺蠖、沙枣尺蠖，属鳞翅目尺蛾科，是北京地区为害最早的暴食性食叶害虫。

特点

1.幼虫腹部第2节两侧各有1个瘤状突起；幼虫遇惊吐丝下垂，可随风转移为害；老熟幼虫体长22～40 mm。

2.一年发生1代，以蛹在树冠下的土壤中越冬；2月中下旬成虫开始羽化，3月上中旬进入羽化盛期，3月下旬幼虫开始孵化，4月中下旬进入暴食期，可在短时间内将成片树木叶片吃花、吃光。

3.雌成虫体长7～19 mm，无翅，羽化后沿树干爬行上树产卵；雄成虫体长10～15 mm，有翅，具有趋光性。

4.蛹的臀棘末端为二分叉，呈倒"Y"形。

寄主

杨、柳、榆、国槐、桑、苹果、梨和沙枣等。

防治措施

1.雌成虫上树前，在树干胸径处围环阻止其上树，并定期清除。

2.低龄幼虫期（3龄前），使用春尺蠖核型多角体病毒（AciNPV）、灭幼脲、除虫脲、杀铃脲等生物和仿生物制剂喷雾防治；严重发生时，使用烟碱•苦参碱等植物源

雄成虫

雌成虫

类药剂喷雾防治。

　　3.成虫产卵期，正是春季造林绿化高峰期，防止带有春尺蠖卵的苗木进入绿化造林地。

雌成虫产卵状

卵

围环处成虫产的卵

3龄幼虫

4龄幼虫

5龄幼虫

幼虫

新梢受害状

枝梢受害状

行道树受害状

| 枣尺蠖 | *Sucra jujuba* Chu | 尺蛾科 | Geometridae |

枣尺蠖属鳞翅目尺蛾科，是一种食叶类害虫。

特点

1.幼虫取食叶片、嫩芽和花蕾为害，严重影响树木生长和果品产量；幼虫散居，爬行迅速，有假死性，遇惊吓吐丝下垂；雄成虫具有趋光性。

2.一年发生1代，少数两年1代，以蛹在树冠下深10～20 cm的土中越冬。翌年3月蛹开始羽化，羽化期长达50天；成虫在枝叉粗皮缝隙内产卵，卵几十至几百粒片状或不规则状排列；4月中旬，幼虫孵化，孵化期长达40天；5月下旬，老熟幼虫入土化蛹，越夏和越冬。

3.雌雄异型，雌蛾体长12～17 mm，灰褐色，无翅，雄蛾体长10～15 mm，淡灰色，有翅；老熟幼虫体长40 mm，黄色，体表有多条明显的灰白色纵带，体两侧各有纵向黄色条纹1个。

寄主

枣、苹果和梨等。

防治措施

1.春秋翻树盘，破坏越冬场所。

2.使用诱虫杀虫灯监测诱杀成虫。

3.树干围环防治。

4.使用除虫脲、灭幼脲等药剂喷雾防治低龄幼虫，使用植物源类等药剂喷雾防治高龄幼虫。

幼虫

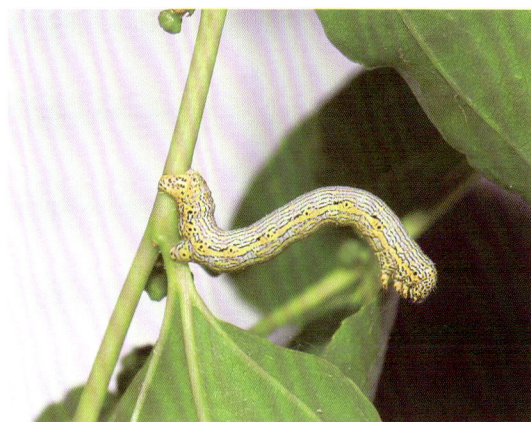

幼虫

| 女贞尺蛾 | *Naxa seriaria* (Motschulsky) | 尺蛾科 | Geometridae |

女贞尺蛾属鳞翅目尺蛾科，是一种食叶类害虫。

特点

1.幼虫有吐丝结网、群集为害和转移为害的习性，幼虫以啃食叶肉为主，受害叶片仅剩网状叶脉，取食后即停留在受害叶片背面或悬在丝网上休息，受惊吐丝下垂；老熟幼虫在丝网处脱皮化蛹，蛹体悬吊于丝网上；成虫白天喜在溪流上方飞旋。

2.一年发生1代，以低龄幼虫在丝拢状的枯枝落叶中群集越冬。寄主展叶时，越冬幼虫开始上树取食；幼虫自寄主下部向上取食为害；6月下旬为成虫发生期。

3.成虫体长15 mm，白色，前翅和后翅外缘有黑点2排，中室有较大黑点1个，前翅内角有黑点3个；老熟幼虫体黑色，第1～5腹节有淡黄色纵带3条，中条最宽，第3～6腹节每节有黑色毛瘤多个，每个毛瘤上有白色长毛1根。老熟幼虫体长30 mm。

寄主

女贞、丁香、水曲柳、花曲柳和椴等。

防治措施

1.寄主展叶前，树干围环阻止幼虫上树。

2.使用诱虫杀虫灯监测诱杀成虫。

3.使用除虫脲、灭幼脲等药剂喷雾防治低龄幼虫。

成虫

成虫交尾

幼虫

幼虫吐丝下垂

成虫（示腹部）

幼虫为害状

蛹

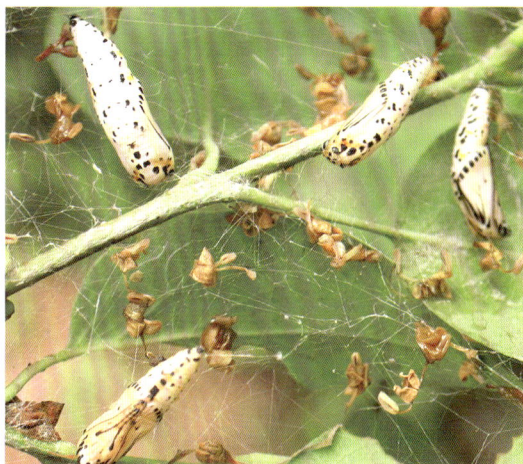

蛹

| 大造桥虫 | *Ascotis selenaria* Schiffermüller et Denis | 尺蛾科 | Geometridae |

大造桥虫又名锯角尺蛾、棉大造桥虫、棉尺蛾、茶霜尺蠖、灰翅尺蠖，属鳞翅目尺蛾科，是一种食叶类害虫。

特点

1.常致受害叶片出现孔洞或缺刻，发生严重时，受害叶片仅剩叶脉；成虫昼伏夜出，具有极强的飞翔能力和趋光性；成虫前后翅外缘锯齿状，且中部各有边缘黑色的灰白色斑1个；幼虫第2腹节背中有黑褐色长方形斑1个和横列的红色锥形毛瘤1对。

2.一年发生2～3代，世代重叠，以蛹在土壤或杂草中越冬。4月下旬成虫羽化，6～7月为害最重。

3.成虫体长13～20 mm，体色变异大，多为浅灰褐色；老熟幼虫体长40～56 mm，体黄绿至青白色。

寄主

侧柏、刺槐、紫穗槐、银杏、苹果、梨、月季、蔷薇、万寿菊和萱草等。

防治方法

1.使用诱虫杀虫灯监测诱杀成虫。

2.使用除虫脲、灭幼脲、植物源类等药剂喷雾防治幼虫。

成虫

成虫

成虫

幼虫

幼虫

幼虫

幼虫

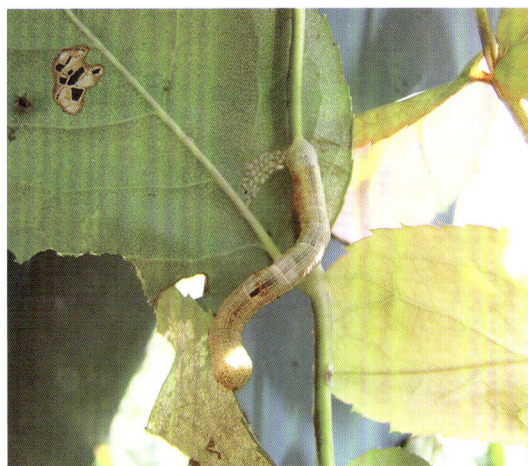

幼虫

| 落叶松尺蠖 | *Erannis ankeraria* Staudinger | 尺蛾科 | Geometridae |

落叶松尺蠖又名落叶松尺蛾，属鳞翅目尺蛾科，是一种食叶类害虫。

特点

1.雌成虫羽化后沿树干爬行，雄成虫具有假死性。

2.一年发生1代，以卵在球果鳞片中越冬。6月下旬下树化蛹。

3.雌成虫体长12～16 mm，无翅，体灰白色，胸腹部背面各节均有不规则黑斑，以腹部第一节最大；雄成虫体长14～17 mm，有翅，前翅各有肾形斑1个；老熟幼虫体长27～33 mm，黄绿色；蛹末端有倒"Y"字形臀刺1个。

4.林分郁闭度大的发生重，纯林较混交林发生重，林内较林缘发生重。

寄主

落叶松、栎等。

防治措施

1.使用诱虫杀虫灯监测诱杀成虫。

2.雌成虫羽化上树前，树干围环防治。

3.低龄幼虫期，使用除虫脲、杀铃脲和灭幼脲等药剂喷雾防治；高龄幼虫期，使用植物源类等药剂喷烟、喷雾防治。

成虫

幼虫

幼虫

幼虫吐丝下垂

松塔里的卵

幼虫上树

蛹

| 柿星尺蠖 | *Percnia giraffata* Guenée | 尺蛾科 | Geometridae |

柿星尺蠖又名柿大头虫、柿豹尺蠖，属鳞翅目尺蛾科，是一种食叶类害虫。

特点

1.初孵幼虫群集为害，啃食叶背叶肉，不形成孔洞，大龄幼虫分散为害，并常在树冠上部或外围取食，有受惊吐丝下垂的习性；老熟幼虫胴部第3，4节显著膨大，其背面有椭圆形黑色眼状斑2个，黑斑中间又有一个黑色发亮的小圆点，形似蛇眼，所以称"蛇头虫"。

2.一年发生2代，以蛹在土中越冬。7月中下旬和8月中下旬为幼虫为害盛期，9月上旬老熟幼虫入土化蛹。

3.成虫体长22～25 mm，胸部背面黄色，有近方形褐色斑纹1个，翅白色，上有许多大小不同的深灰色斑点；老熟幼虫体长55 mm左右，头黄褐色。

寄主

柿、黑枣、核桃、苹果、梨、李、杏、山楂、酸枣、杨、柳、榆和国槐等。

防治措施

1.诱虫杀虫灯监测诱杀成虫；振树捕杀幼虫防治。

2.晚秋或早春，结合翻树盘防治越冬蛹。

3.使用除虫脲、灭幼脲、吡虫啉、植物源类等药剂喷雾防治幼虫。

成虫

幼虫

幼虫

幼虫

幼虫

杨扇舟蛾	*Clostera anachoreta* (Fabricius)	舟蛾科	Notodontidae

杨扇舟蛾又名白杨天社蛾、白杨灰天社蛾、小叶杨天社蛾、杨树天社蛾，属鳞翅目舟蛾科，以幼虫食叶为害为主。

特点

1.初孵幼虫群集取食叶肉，2龄后缀叶成苞；3龄后分散为害，但仍缀叶成苞，白天潜伏，晚上取食。

2.一年发生4代，后期世代重叠，以蛹在树皮裂缝、落叶和土壤中结薄茧越冬，其他世代幼虫多在叶苞内化蛹；第4代，即9月下旬至10月上中旬易出现灾害。

3.成虫灰褐色，前翅顶角部分有一个深灰褐色的扇形斑，雌成虫体长15～20 mm，雄成虫体长13～17 mm；卵产于叶背，初产为黄绿色，后逐渐变为橙红色和黑褐色，多为单层片状；幼虫1节和8节腹背中央各有一个较大的红黑色或枣红色瘤，老熟幼虫体长32～40 mm。

4.成虫昼伏夜出，趋光性强；幼虫多由树冠上部向下部为害；蛹臀棘呈倒"锚"状。

成虫

5.加杨、群众杨受害重，叶背绒毛较多的毛白杨、银白杨受害轻。

寄主

杨、柳等。

防治措施

1.人工摘除卵块和虫苞。

2.使用诱虫杀虫灯监测诱杀成虫。

3.6月底至7月初释放2～3次赤眼蜂，每次间隔时间7～10天。

4.低龄幼虫期，使用杨扇舟蛾病毒、灭幼脲、除虫脲；高龄幼虫期，使用烟碱·苦参碱等植物源类药剂喷雾防治。

成虫产卵

卵块

卵块

卵块

食叶类害虫

卵块及初孵幼虫

幼虫

幼虫群集为害状

虫苞

蛹

蛹

| 分月扇舟蛾 | *Clostera anastomosis* (Linnaeus) | 舟蛾科 | Notodontidae |

分月扇舟蛾又名银波天社蛾、合线扇舟蛾，属鳞翅目舟蛾科，是一种食叶类害虫。

特点

1.低龄幼虫群集为害，取食叶肉及下表皮，仅留上表皮和叶脉，越冬幼虫由树冠下部逐渐向上转移为害；低龄幼虫遇惊扰吐丝下垂，随风飘移；成虫具趋光性，产卵于叶背，卵成块平铺。

2.河北围场一年发生2代，8月下旬以2龄幼虫下树在枯枝落叶下结薄茧越冬。翌年4月中旬越冬幼虫开始活动，5月下旬在树上吐丝结茧化蛹，6月上旬成虫羽化交尾，6月下旬至7月中旬为取食为害期，8月上旬孵化出下一代幼虫。

成虫

3.成虫体长13～17 mm，灰褐色，前翅具有灰白色横线3条，翅中央圆形暗褐色斑由一灰白色线分成两半；老熟幼虫体长35～40 mm，红褐色，中胸、后胸和腹部第2节背面各有红色瘤状突起1对，腹部第1节和第8节背面各有黑色瘤状突起，上着4个小突起，前面黄色突起较大，后面黑色突起较小。

寄主

杨和柳等。

防治措施

1.人工摘除卵叶、剪除带有群集幼虫的枝条，及时清除枯枝落叶。

2.使用诱虫杀虫灯监测诱杀成虫。

3.使用除虫脲、高渗苯氧威等药剂喷雾防治低龄幼虫。

4.幼虫上树前，树干喷毒环或绑毒绳阻隔防治。

老熟幼虫

成虫

初产卵

即将孵化卵

幼虫

幼虫头部

幼虫

群集幼虫

蛹

蛹

为害状

杨小舟蛾	*Micromelalopha sieversi* (Staudinger)	舟蛾科	Notodontidae

杨小舟蛾又名杨褐天社蛾、小舟蛾、杨褐舟蛾，属鳞翅目舟蛾科，以幼虫食叶为害。

特点

1.幼虫头黑色，并有一"八"字形纹；第1，8腹节背部中央各有2个较大的毛瘤，3，5腹节背部中央各有1个紫红色斑；体色灰褐、灰绿色，变化较大，并微带紫色光泽。

2.一年发生4代，以蛹在枯枝落叶、墙缝等处越冬；第3代，即8月中下旬易出现灾害。

3.幼虫孵化后群集叶面取食表皮，受害叶呈"箩网状"；老熟幼虫体长21～23 mm，吐丝缀叶结薄茧化蛹。

4.成虫体长11～14 mm，体色多变，赭黄色、黄褐色或暗褐色等；前翅有3条灰白色细横线，其中中间1条在后半部呈屋脊状分叉；具有趋光性。

5.幼虫多由树冠下部向上部为害。

成虫

卵块

即将孵化出幼虫的卵

幼虫

幼虫

寄主

杨、柳等。

防治措施

1.使用诱虫杀虫灯监测诱杀成虫。

2.低龄幼虫发生期，使用灭幼脲、除虫脲等喷雾防治；高龄幼虫期，使用烟碱•苦参碱等喷烟、喷雾防治。

3.卵期释放赤眼蜂等天敌防治。

老熟幼虫

杨树片林受害状

栎掌舟蛾	*Phalera assimilis* (Bremer et Grey)	舟蛾科	Notodontidae

栎掌舟蛾又名栎黄掌舟蛾、肖黄掌舟蛾，属鳞翅目舟蛾科，是一种食叶类害虫。

特点

1.卵产于叶背，呈块状；幼虫终生群集为害，取食时排列整齐，常逐叶吃光一个枝条后，再转移取食；成虫具有趋光性。

2.一年发生1代，以老熟幼虫入土化蛹越冬。7～9月为幼虫为害期，7月下旬至8月上中旬为幼虫为害盛期。

3.成虫体长23～30 mm，前翅褐色，前缘顶角掌形斑明显，中央有白色肾形纹

1个，后翅灰褐色外缘颜色较深；老熟幼虫体长60 mm，头部橘红色，有橙红色纵线8条，背中线颜色最深，各节具橙红色横带1条，并着生灰白色长毛。

寄主

栎、板栗、杨和榆等。

防治措施

1.及时剪除有虫枝条。
2.使用诱虫杀虫灯监测诱杀成虫。
3.使用除虫脲、灭幼脲等药剂喷雾防治低龄幼虫。
4.保护利用蚂蚁、姬蜂和赤眼蜂等天敌。

幼虫

幼虫

幼虫受惊垂成一线

幼虫群集为害

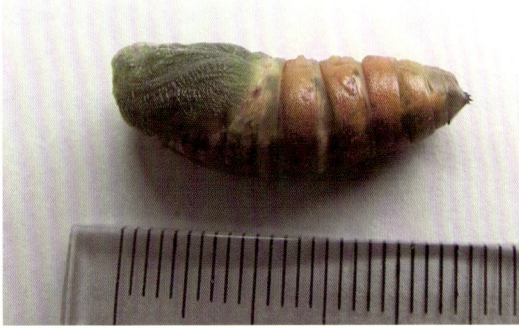

化蛹初期

蛹

| 杨二尾舟蛾 | *Cerura menciana* Moore | 舟蛾科 | Notodontidae |

杨二尾舟蛾又名双尾天社蛾、杨双尾天社蛾、杨双尾舟蛾、杨二叉舟蛾，属鳞翅目舟蛾科，是一种食叶类害虫。

特点

1.成虫有趋光性；6月中旬和8月中旬为幼虫严重发生期；老熟幼虫颈部绿色，体侧第4腹节近后缘有明显的白色条纹1条，1对臀足特化呈长尾须状，受惊时臀足翘起。

2.一年发生2代，以蛹做茧在树干，特别是近基部越冬。幼虫共5龄，4龄后进入暴食期。

3.成虫体长28～30 mm，灰白色，胸背有两列黑点6个，前翅有锯齿状黑波纹，基部有黑点2个，后翅白色；老熟幼虫体长50 mm，前胸背板有三角形直立肉瘤。

寄主

杨、柳。

防治措施

1.人工清除茧蛹防治。

2.使用诱虫杀虫灯监测诱杀成虫。

3.使用Bt、除虫脲和灭幼脲等药剂喷雾防治低龄幼虫。

成虫

成虫

幼虫

幼虫

幼虫

幼虫

被绒茧蜂寄生的幼虫

被寄生蛹

病毒侵染的幼虫

茧

茧

蛹

刺槐掌舟蛾	*Phalera grotei* Moore	舟蛾科	Notodontidae

刺槐掌舟蛾属鳞翅目舟蛾科，是一种食叶类害虫。

特点

1.初孵幼虫先取食卵壳，然后取食叶片成网状，大龄幼虫取食全叶。

2.一年发生1代，以老熟幼虫在树下10 cm左右土中化蛹越冬。7～8月为幼虫期。

3.成虫体长34～37 mm，黑褐色，头顶和触角基部白色；前翅顶角具有"掌形"暗棕色斑，后翅暗褐色，中部有不显著淡色横带1条；腹部每节后缘具有灰黄白色横带，腹部末端两节灰色。成虫具有趋光性。老熟幼虫体长65～72 mm，头部赤褐色带灰色，后变黑褐色，胸足紫褐色，后变赤褐色；腹足褐绿色，后变墨绿色；气门线黄白色，后变黄色；气门上线赤褐色，后变黄褐色；亚背线粉绿色；体背灰白色；气门黑色，胸1节、腹8节较大；前胸背刺突消失；腹尾枝变为臀足。

成虫

寄主

刺槐等。

幼虫

幼虫

防治措施

1.使用诱虫杀虫灯监测诱杀成虫。

2.使用除虫脲、Bt等药剂防治低龄幼虫。

幼虫

预蛹

| 槐羽舟蛾 | *Pterostoma sinicum* Moore | 舟蛾科 | Notodontidae |

槐羽舟蛾又名槐天社蛾，属鳞翅目舟蛾科，是一种食叶类害虫。

特点

1.成虫趋光性强；初孵幼虫多在树冠上部为害，3龄前幼虫受惊下垂，严重发生时可将整株叶片食光。

2.一年发生3代，以蛹结茧在墙根、枯草落叶和树根旁等处越冬。翌年5月和7～8月各代成虫分别羽化，卵单产于叶背，5～7月和8～9月为各代幼虫为害期，10月化蛹。

3.成虫体长30 mm，黄褐色；老熟幼虫体长约55 mm，体绿色，气门线黄白色，向前延伸至头部两侧；卵呈"馒头"状。

寄主

国槐、龙爪槐、刺槐、紫藤、紫薇、海棠等。

防治措施

1.人工摘除卵和幼虫防治。

2.使用诱虫杀虫灯监测诱杀成虫。

3.使用除虫脲、灭幼脲等药剂喷雾防治低龄幼虫。

幼虫

成虫

成虫

成虫

卵

| 侧柏毒蛾 | *Parocneria furva* (Leech) | 毒蛾科 | Lymantriidae |

侧柏毒蛾又名柏毛虫，属鳞翅目毒蛾科，是柏树的重要食叶类害虫。

特点

1.幼虫夜间取食柏叶为害，常引起天牛、小蠹等次期性害虫发生。

2.一年发生2代，以幼虫、卵在树皮缝或柏叶上越冬。

3.成虫体长10～20 mm，趋光性强。老熟幼虫体长20～30 mm。

4.纯林、郁闭度大的林分害虫发生较重；干旱对害虫种群发生及为害有明显的抑制作用。

寄主

侧柏、桧柏和沙地柏等。

防治措施

1.营造混交林，及时组织开展抚育间伐。

2.低龄幼虫期，使用除虫脲、灭幼脲等仿生物制剂喷雾防治；高龄幼虫期，使用植物源类药剂喷烟或喷雾防治。

3.使用诱虫杀虫灯监测诱杀成虫。

成虫

幼虫

| 舞毒蛾 | *Lymantria dispar* (Linnaeus) | 毒蛾科 | Lymantriidae |

舞毒蛾又名秋千毛虫、柿毛虫、杨树毛虫、松针黄毒蛾，属鳞翅目毒蛾科，是一种杂食性、暴食性食叶害虫。雄蛾白天旋转飞舞，所以叫"舞毒蛾"。

特点

1.成虫常将卵块产于涵洞、电线杆、石块、墙壁和树干上；幼虫2龄以后白天潜伏在枯叶、落叶或树皮缝内休息，黄昏后取食叶片；老熟幼虫具有较强的爬行转移为害能力。

2.一年发生1代，以完成胚胎发育的幼虫在卵内越冬；4月初幼虫陆续孵化，5月上中旬为幼虫为害盛期，7月为成虫羽化盛期。

3.雌成虫体长22～30 mm，雄成虫体长16～21 mm；老熟幼虫体长75 mm，黑褐色，头黄褐色，前部有黑色"八"字形纹；前胸至腹部第2节的毛瘤为蓝色，腹部第3～8节的6对毛瘤为红色。

寄主

杨、柿树、落叶松、柏、云杉、刺槐、栎、李、柳、榆、桑、桦、槭、椴、苹果、梨、桃、樱桃、板栗、山楂、杏和核桃等。

防治措施

1.人工清除树干、墙壁、涵洞、电线杆和石块上的卵块。

雄成虫

雌成虫与卵块

2.低龄幼虫期，使用舞毒蛾病毒、除虫脲、灭幼脲等喷雾防治；高龄幼虫期，使用植物源类药剂喷雾防治。

3.利用幼虫上下树的习性，树干围环诱杀防治。

4.利用诱虫杀虫灯和性信息素诱芯监测诱杀成虫。

初孵幼虫

2龄幼虫

3龄幼虫

4龄幼虫

5龄幼虫

幼虫头部

幼虫头部（示八字形纹）

卵

幼虫体上两色毛瘤

杨雪毒蛾	*Leucoma candida* (Staudinger)	毒蛾科	Lymantriidae

杨雪毒蛾中文名比较乱，在生产上也称柳毒蛾，又名雪毒蛾、柳叶毒蛾，属鳞翅目毒蛾科，以幼虫食叶为害。

特点

1.幼虫具有上下树的习性，白天潜伏于树干基部、树洞或树皮裂缝内休息，夜间取食为害；老熟幼虫还具有进入公共场所、居民家中扰民的习性。

2.一年发生2代，一年出现3次幼虫为害期；以2～3龄幼虫在树皮裂缝、树洞和枯枝落叶内越冬；4月中下旬越冬幼虫开始活动，5月中旬越冬代幼虫开始结茧，6月中下旬和8月上中旬分别为第1代和第2代幼虫为害期。

3.成虫体长15～23 mm，具有趋光性，纯白色，足具黑白相间的环纹；卵块外覆有泡沫状白色胶状物；老熟幼虫体长35～45 mm，黑褐色，背线褐色，头黄褐色。

寄主

杨、柳、槭和白蜡等。

防治措施

1.利用幼虫上下树习性，人工捕杀或树干围环防治。

2.使用诱虫杀虫灯监测诱杀成虫。

3.低龄幼虫期，使用除虫脲、灭幼脲等喷雾防治；高龄幼虫期，使用植物源类药剂喷雾防治。

成虫

产卵

卵块

幼虫

蛹

白天在树干基部潜伏状

食叶类害虫

| 榆毒蛾 | *Ivela ochropoda* (Eversmann) | 毒蛾科 | Lymantriidae |

榆毒蛾又名榆黄足毒蛾，属鳞翅目毒蛾科，是一种暴食性食叶害虫。

特点

1.成虫体长15 mm，白色，前足腿节前半部、胫节和跗节为橙黄色，中足、后足胫节前半部、跗节为橙黄色；幼虫腹背各节均有1对白色毛瘤，毛瘤基部黑色，其中1，2，7节每对毛瘤的基部连为一体，形成一个较大的"黑斑"，老熟幼虫体长33 mm。

2.一年发生2代，以初龄幼虫在树皮裂缝或树洞中越冬；4月越冬幼虫活动，7月中下旬进入第1代幼虫为害期，9月中下旬进入越冬代幼虫为害期，尤以7月下旬至8月中旬为害最重。

3.幼龄幼虫啃食叶肉，残留叶脉；高龄幼虫沿叶缘蚕食。

4.春季干旱的年份为害严重。

5.成虫昼伏夜出，趋光性强，产卵于枝条和叶背，多成串排列。

寄主

榆、柳、栎、板栗和月季等。

防治措施

1.使用诱虫杀虫灯监测诱杀成虫。

2.人工摘除带卵枝条、叶片和初孵群集为害的幼虫。

3.低龄幼虫期，使用灭幼脲、除虫脲、杀铃脲等仿生物制剂喷雾防治；高龄幼虫期，使用烟碱·苦参碱等植物源类药剂喷雾防治。

4.保护利用寄蝇、姬蜂、病毒和鸟等天敌。

成虫背面

成虫腹面

成虫

幼虫

蛹

蛹

| 盗毒蛾 | *Porthesia similis* (Fueszly) | 毒蛾科 | Lymantriidae |

盗毒蛾又名金毛虫、桑毛虫、黄尾白毒蛾，属鳞翅目毒蛾科，是一种食叶类害虫。

特点

1.幼虫背部有1条橙黄色带，第1，2，8腹节背面为黑色毛瘤；体1～8腹节两侧上部有黑色毛瘤1对，下部有红色毛瘤1个，第9腹节背面有红色毛瘤4个。

2.一年发生2代，以幼虫在树皮缝或枯枝落叶内结茧越冬。

3.成虫体长9～13 mm，体白色，前翅后缘近中部有褐色斑1个。老熟幼虫时体长30～40 mm。

寄主

桑、柳、杨、栎、梨、李、刺槐、泡桐、桦、榆、柿树、海棠、法国梧桐、板栗、核桃、苹果、榛、桤木、山毛榉、花楸和忍冬等。

防治措施

1.使用诱虫杀虫灯监测诱杀成虫。

2.低龄幼虫期，使用除虫脲等喷雾防治；高龄幼虫期，使用烟碱•苦参碱等喷雾防治。

成虫

成虫

卵

幼虫

幼虫

幼虫

幼虫

| 折带黄毒蛾 | *Euproctis flava* (Bremer) | 毒蛾科 | Lymantriidae |

折带黄毒蛾属鳞翅目毒蛾科，是一种食叶类害虫。

特点

1.卵产于叶背，呈块状；低龄幼虫群集取食嫩叶，后分散为害，幼虫11～12龄；成虫前翅中部有紫褐色"肘形"宽带1条，外缘近顶处有明显的棕褐色圆点2个；成虫趋光性强。

成虫

2.一年发生2代，以4～5龄幼虫群集在枯枝落叶层下、寄主根际枯草和土缝等处越冬。翌年春天开始为害，6月中下旬越冬代老熟幼虫在枯枝落叶层下结茧化蛹，6月下旬至7月上中旬出现第1代成虫，8月下旬出现第2代成虫。

3.成虫体长11～17 mm，体翅黄色；老熟幼虫体长30～40 mm，黄褐色，第1，2

和8腹节背面有黑色大瘤，瘤上有黄褐色或浅黑褐色长毛。

寄主

杨、榆、国槐、刺槐、栎、山毛榉、板栗、李、苹果、梨、桃、柿树、山楂、月季、蔷薇、海棠、石榴、金丝桃、赤麻、紫藤、落叶松、松和柏等。

防治措施

1.使用诱虫杀虫灯监测诱杀成虫。

2.人工捕杀叶背上群集为害的幼虫。

3.使用除虫脲、灭幼脲等药剂喷雾防治低龄幼虫。

4.保护利用寄生蝇和茧蜂等天敌。

幼虫

幼虫

群集幼虫

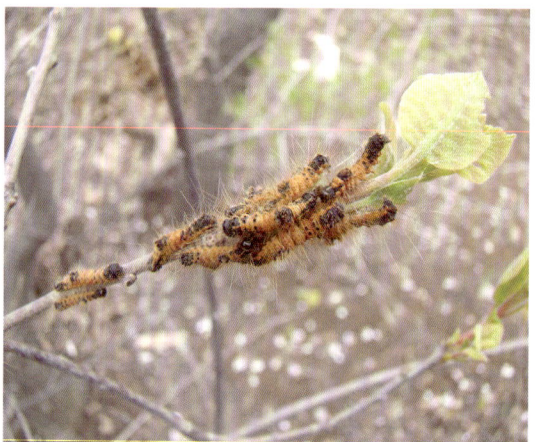

群集幼虫

| 角斑古毒蛾 | *Orgyia vecens* (Hübner, 1819) | 毒蛾科 | Lymantriidae |

角斑古毒蛾又名角斑台毒蛾，属鳞翅目毒蛾科，以幼虫取食嫩芽、叶片为害为主。

特点

1.成虫雌雄异型，雌体长17 mm，无翅，雄成虫体长15 mm，前翅红褐色，顶角处有黄斑1个，臀角有"新月形"白斑1个；老熟幼虫体长23～40 mm，1～4腹节背部各有褐黄或黄灰色"刷状"毛丛1束；幼虫前端和后端各有黑色"长毛"1对，并向外伸展。

2.一年发生2代，以幼龄幼虫在树皮缝、落叶层内越冬；4月开始为害嫩芽、嫩叶，5月化蛹；6月成虫羽化交尾产卵，卵成堆产于茧壳外。

3.初孵幼虫群集取食叶肉，受害叶片呈网状；幼虫吐丝，随风扩散蔓延；4～9月为幼虫为害期。

寄主

月季、海棠、蔷薇、玉兰、苹果、柳、杨、榆、悬铃木和梨等。

防治措施

1.人工摘除虫茧和卵块。
2.使用诱虫杀虫灯监测诱杀成虫。
3.使用烟碱•苦参碱等植物源类药剂喷雾防治幼虫。

雄成虫

雌成虫与茧

雌成虫在茧外产卵

茧上附着的卵

老龄幼虫

老龄幼虫

美国白蛾	*Hyphantria cunea* (Drury)	灯蛾科	Arctiidae

美国白蛾又名网幕毛虫、秋幕毛虫、秋毛虫、秋幕蛾，属鳞翅目灯蛾科，是一种杂食性食叶害虫。

特点

1.食性杂：据统计，美国白蛾可为害包括林木、果树、花卉、蔬菜、农作物和杂草在内的300多种植物。繁殖量大：一头雌成虫一次可产卵800~2 000粒。适应性强：老熟幼虫能忍耐零下16 ℃的低温和40 ℃的高温，并具有很强的耐饥饿能力，15天不取食仍可正常繁殖为害。传播途径广：一年四季均可随各种货物、运输工具做远距离传播。为害严重：爆发时，可在短时间内吃光林木、果树、花卉、蔬菜、农作物和杂草等绿色植物。严重扰民：老熟幼虫具有进入居民家中、办公场所寻找食物和化蛹地点严重扰民的习性。

2.在北京一年发生完整的3代，以老熟幼虫在树皮裂缝、树洞、树下土块、瓦砾、枯枝落叶、包装物及建筑物缝隙等隐蔽处化蛹越冬；越冬代成虫于3月下旬至6月下旬羽化，第1，2和越冬（3）代幼虫为害期分别为5月上旬至7月上旬、7月上旬至8月下旬、8月下旬至11月上旬，世代重叠严重。

3.幼虫可吐丝结网，4龄前群集取食为害，5龄后进入暴食期。老熟幼虫体长28～35 mm；成虫体长6～16 mm，趋光性强；卵块状、单层，多产于寄主植物叶片背面。

4.成虫一般雌成虫略大于雄成虫，体白色，个别越冬代雄成虫前翅有黑色斑点；雌成虫触角锯齿状，雄成虫触角双栉状。多数个体前足基节、腿节橘黄色，胫节和跗节内侧白色、外侧黑色。

成虫交尾产卵状

卵

卵及初孵幼虫

幼虫

食叶类害虫

卵近圆球形，直径0.4～0.5 mm，单层、块状排列，初产时呈淡绿色，后逐渐变为鲜绿色、黄绿色及灰黑色。

幼虫6～7龄。老熟时头黑色，具光泽，背部中央有灰褐色至黑色的宽纵带1条，两侧各有黑色毛瘤1列，毛瘤上着生白色长毛，并混杂少量黑色长毛。

雌蛹第8，9节腹面有2个生殖孔。第7，8腹节节间生殖孔"丫"形，第9节上的生殖孔较小，圆形，位于第9腹节腹面的中央，第10腹节腹面肛门呈倒"V"形；雄蛹第9腹节腹面有生殖孔1个，第10腹节腹面肛门呈倒"V"形。

5. 识别要点（见附录1）

寄主

桑、臭椿、法国梧桐、泡桐、榆、白蜡、复叶槭、杨、柳、君迁子（黑枣）、苹果、核桃、杏、柿、梨和国槐等。

幼虫及网幕

黄栌受害状

柳树受害状

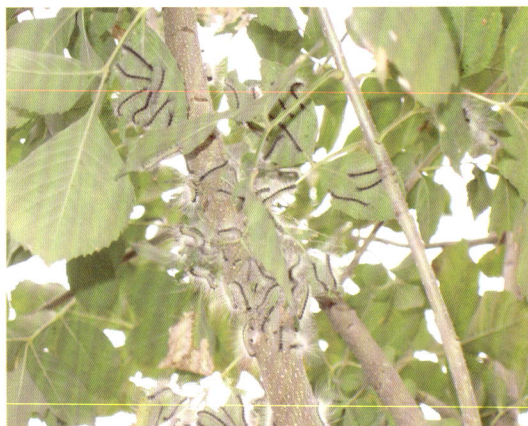
白蜡受害状

防治措施

1.使用性信息素诱芯和诱虫杀虫灯监测诱杀成虫（见附录2）。

2.低龄幼虫期（3龄前），使用美国白蛾病毒+Bt，灭幼脲、除虫脲、杀铃脲等生物和仿生物制剂喷雾防治；高龄幼虫期，使用烟碱•苦参碱等植物源类药剂喷雾防治。

3.结合人工普查，剪除网幕防治。

4.老熟幼虫至化蛹初期，释放白蛾周氏啮小蜂防治（见附录3）。

5.树干围草把、人工挖蛹和摘除卵块防治。

桃树受害状

榆树受害状

法国梧桐受害状

桑树受害状

| 人纹污灯蛾 | *Spilarctia subcarnea* (Walker) | 灯蛾科 | Arctiidae |

人纹污灯蛾又名红腹白灯蛾、人字纹灯蛾，属鳞翅目灯蛾科，以幼虫取食叶片为害。

特点

1.5～9月为幼虫为害期。初孵幼虫群栖于叶背面，啃食叶肉留下表皮。大龄幼虫取食叶片，留下叶脉和叶柄，幼虫爬行速度快，有假死性，遇振动蜷缩成环状。

2.老熟幼虫体长约50 mm，头部黑色，体黄褐色密被棕黄色长毛，背线棕黄色，中胸及第1腹节背面各有横列黑点4个，第7，8，9腹节背线两侧各有黑色毛瘤1对。成虫体长约20 mm，胸部和前翅白色，腹背部红色；前翅面上有两排黑点，停栖时黑点合并成"人"字形。

成虫

成虫

成虫

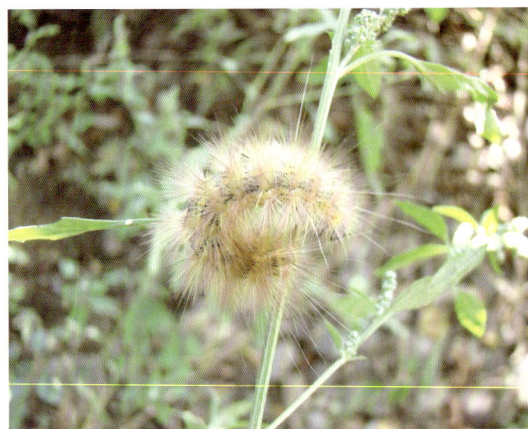
老熟幼虫

3.一年发生2代，以幼虫在地表落叶或浅土中吐丝黏合体毛做茧越冬。

寄主

桑、杨、柳、榆、国槐、木槿、碧桃、蔷薇、月季、菊花、石竹、金盏菊、荷花、十字花科植物、豆类等。

防治措施

1.黑光灯诱杀成虫。
2.发生严重时，喷洒除虫脲或森得保可防治。

老熟幼虫

| 花布灯蛾 | *Camptoloma interiorata* Walker | 灯蛾科 | Arctiidae |

花布灯蛾又名黑头栎毛虫、贴皮虫、头栎毛虫、花布丽灯蛾，属鳞翅目灯蛾科，是一种食叶类害虫。

特点

1.幼虫取食芽苞、叶片为害，一年有两次幼虫为害期；春季为害较重，并具有暴食性，可将树木叶片吃光，秋季为害主要取食叶肉，残留表皮，形成"白叶"状。

2.一年发生1代，以3龄幼虫形成的灰白色虫苞在树干、枝杈、树干基部或枯枝落叶等处越冬。春季越冬幼虫开始活动，群集取食为害；5月上旬幼虫下树在枯枝落叶层、石块下结茧化蛹；6月上中旬成虫羽化，在叶背处产卵；10月中旬进入越冬状态。

3.成虫体长10～14 mm，前翅黄色、有光泽，后翅和腹部末端金黄色，前翅前缘向臀角方向有黑色斜纹6条，臀角部位有红色斑块1个；卵黄白色，单层排列成块，卵块表面覆盖粉红色绒毛；老熟幼虫体长30～35 mm，头黑色，腹部淡黄色，腹背有茶褐色纵纹一条。

寄主

栓皮栎、辽东栎、麻栎、槲栎、蒙古栎、板栗和柳树等。

防治措施

1.人工清除虫苞和卵块。

2.使用诱虫杀虫灯监测诱杀成虫。

3.使用除虫脲、灭幼脲等药剂喷雾防治低龄幼虫，使用烟碱•苦参碱乳油等药剂喷烟、喷雾防治高龄幼虫。

4.保护利用中华草蛉、大草蛉、细颈猎蝽、舞毒蛾黑瘤姬蜂、绒茧蜂和刺蝇等天敌。

成虫

幼虫上树

虫苞内越冬的幼虫

漆黑污灯蛾	*Lemyra infernalis* (Butler)	灯蛾科	Arctiidae

漆黑污灯蛾又名漆黑望灯蛾，属鳞翅目灯蛾科，是一种食叶类害虫。

特点

1.低龄幼虫具有吐丝缀叶拉网群集为害的习性，常将叶片卷曲成饺子状；成虫有一定的趋光性。

2.一年发生1代，多以3～4龄幼虫在枯枝落叶及杂草中越冬。5月上旬越冬幼虫开始取食为害，5月下旬老熟幼虫开始化蛹，6月下旬进入羽化高峰期，7月下旬开始出现幼虫，9月中旬幼虫下树越冬。

3.雄成虫黑褐色，体长8.3～10.5 mm，头顶、颈板、肩板红色或橙红色，胸腹面、胸足基节及腹部红色，背面、侧面及亚侧面各有黑色斑点1列；雌成虫赭白色至黄色，体长10.8～13 mm，有些个体前翅中室附近具黑褐色斑点1个；卵直径约0.5 mm，淡黄色，近圆形，块状单层排列，外包被土黄色棉絮物；老龄幼虫体长22 mm，紫褐色，头橘黄色，背部有蓝色毛瘤11对，有漆色光泽，瘤上生橙黄色毛，每对瘤中间略靠后的部位并排生长浅蓝色毛瘤1对，背线黄色；蛹暗红褐色，外常包被白色、黑色的短细丝状物，蛹常黏附于叶片上。

寄主

桑、榆、小叶朴、桃、樱桃、梨、苹果和柳等。

雄成虫

雌成虫

防治措施

1.诱虫杀虫灯监测诱杀成虫。

2.使用除虫脲、灭幼脲等药剂喷雾防治低龄幼虫。

幼虫

幼虫

幼虫为害状

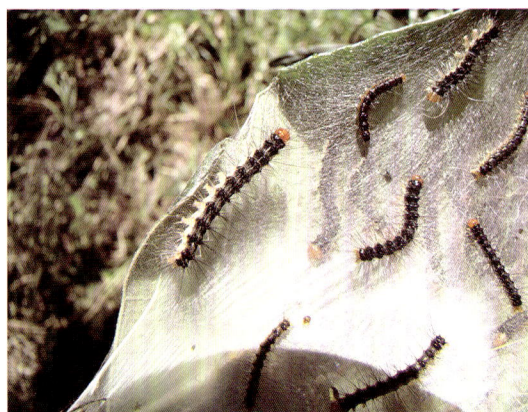

幼虫为害状

桑剑纹夜蛾	*Acronicta major* (Bremer)	夜蛾科	Noctuidae

桑剑纹夜蛾又名大剑纹夜蛾、桑夜蛾、香椿灰斑夜蛾,属鳞翅目夜蛾科,是一种食叶类害虫。

特点

1.成虫有趋光性,昼伏夜出,卵数十至数百粒,呈块状产于枝条下面近端部嫩叶叶面;老熟幼虫密被白色至黄色长毛。

2.一年发生1代，老熟幼虫吐丝脱毛缀木屑及枯叶做茧化蛹，并在树下土中和梯田缝隙内越冬。7月上旬成虫羽化，7月下旬始见幼虫，8月中下旬为害严重，9月上旬老熟幼虫下树结茧化蛹。

3.成虫体长27～29 mm，体深灰色，前翅灰白色带褐色，基剑纹、端剑纹黑色；老龄幼虫体长49～54 mm，头部黑色，体灰白色，散布淡褐圆斑，每体节背面各有褐斑1个。

寄主

桑、香椿、桃、李和杏等。

防治措施

1.人工捕杀群集为害的幼虫，人工挖蛹防治。
2.使用诱虫杀虫灯监测诱杀成虫。
3.使用除虫脲、灭幼脲等药剂喷雾防治低龄幼虫；使用植物源类药剂喷雾防治高龄幼虫。

幼虫

幼虫

幼虫

为害状

棉铃虫	*Helicoverpa armigera* Hübner	夜蛾科	Noctuidae

棉铃虫属鳞翅目夜蛾科，幼虫取食多种植物的叶及嫩果。

特点

1.成虫体长15～17 mm；体色多变，灰黄、灰褐、黄褐、绿褐及赤褐色；前翅多为暗黄色，中央具一褐点；后翅淡色至黄白色，端区黑或深褐色。老熟幼虫体长40～50 mm，头黄绿色，体色分淡红、黄白、绿和淡绿4个类型。

2.在北京一年发生3～4代，以蛹在土中越冬。成虫趋光性强。卵产于嫩叶和果实。幼虫共有6龄，1，2龄有吐丝下垂习性，3，4龄幼虫钻入嫩蕾、花朵中取食；幼虫蛀孔大，孔外具虫粪，有互相残杀和转移习性。

3.该虫为害多种林木、果树、农作物等，对特别是为害对苗圃杨树苗为害很严重，造成杨树苗丛生。有转移为害的习性，一只幼虫可为害多株苗木。转移时间多在夜间和清晨，这时施药易接触到虫体，防治效果最好。

寄主

棉花、玉米、烟草、菊花、大丽花、木槿、番茄、西瓜等农作物，以及枣、苹果、泡桐、杨树等林木果树。

防治措施

1.利用棉铃虫成虫对杨树叶挥发物具有趋性和白天在杨枝丛内隐藏的特点，在成虫羽化、产卵时，在苗圃内放置杨树枝条诱蛾并在日出前人工捕捉。

2.使用诱虫杀虫灯监测诱捕成虫。

3.在棉铃虫发生较重地块，产卵盛期或孵化盛期至3龄幼虫前，局部喷洒Bt制剂等防治。

4.保护和利用寄生蜂、寄生蝇、鸟雀等天敌。

成虫

黄褐天幕毛虫又名天幕毛虫、顶针虫、黄褐毛虫，属鳞翅目枯叶蛾科，以幼虫吐丝做巢食叶为害为主。

特点

1.低龄幼虫常群集取食卵块附近的花蕾、嫩叶为害，幼虫稍大后转移到树木枝杈处吐丝结网；卵多产于小枝上，密集排列呈"顶针"状。

2.一年发生1代，以完成胚胎发育的幼虫在卵壳内越冬；春季树木展叶时，幼虫孵化；4月下旬幼虫分散为害，并进入暴食期，严重发生时可将受害树木叶片全部吃光。

3.幼虫白天潜伏，夜晚取食为害。

4.雌成虫体长15～17 mm，雄成虫体长13～14 mm，老熟幼虫体长55 mm。

寄主

杨、柳、榆和杏等蔷薇科植物。

防治措施

1.使用诱虫杀虫灯监测诱杀成虫。

2.秋季树木落叶后，人工剪除小枝上的越冬"顶针状"卵环。

3.老熟幼虫分散为害前，人工清除网幕防治。

4.低龄幼虫期（3龄前），使用核型多角体病毒、灭幼脲、除虫脲等生物仿生物制剂喷雾防治。

成虫

顶针状卵块

幼虫

食叶类害虫

枝杈处群集的幼虫

茧

| 绵山天幕毛虫 | *Malacosoma rectifascia* Lajonquière | 枯叶蛾科 | Lasiocampidae |

绵山天幕毛虫又名桦天幕毛虫，属鳞翅目枯叶蛾科，是一种食叶类害虫。

特点

1.卵环状排列，呈"顶针"状；低龄幼虫群集取食叶肉，为害状为"星网状"；幼虫夜间分散取食活动，白天群集于粗4～5 mm的小枝上；成虫前翅中部有黑褐色宽带1条。

2.一年发生1代，以卵在当年生小枝上越冬。5月上旬为幼虫孵化高峰期，7月上旬老熟幼虫下树化蛹，7月下旬成虫羽化，8月上旬产卵。

3.成虫体长9～16 mm，雌成虫深褐或深黄色，触角单栉齿状，雄成虫暗褐色，触角双栉齿状；老熟幼虫体长34～52 mm，黑色，气门上线淡黄色，体被棕黄色刚毛，腹足趾钩单序全环式。

幼虫

寄主

桦木、北京花楸、山柳、五角枫、胡枝子、山杨、柞树和落叶松等。

防治措施

1.人工剪除越冬卵枝和群集小枝上的幼虫防治。

2.使用诱虫杀虫灯监测诱杀成虫。

3.使用核型多角体病毒、灭幼脲、除虫脲等药剂喷雾防治低龄幼虫；使用植物源类等药剂喷雾防治高龄幼虫。

群集幼虫

群集幼虫

| 油松毛虫 | *Dendrolimus tabulaeformis* Tsai et Liu | 枯叶蛾科 | Lasiocampidae |

油松毛虫属鳞翅目枯叶蛾科，是一种食叶类害虫。

特点

1.成虫趋光性强；卵产于松针上，呈簇状或线状排列，初产时淡绿色，后变粉红色，孵化前变紫红色。

2.一年发生1代，以2～3龄幼虫在树下落叶层、浅土层、石块下越冬。翌年3月上旬开始上树，3月中下旬为上树高峰期，4月上旬上树结束，6月下旬老熟幼虫化蛹，7月上旬为成虫高峰期，10月中下旬幼虫下树越冬。

3.成虫体长20～30 mm，体淡灰褐到褐色，亚外缘处有新月形黑色斑点9个，中横线、外横线黑色且明显，雌蛾前翅没有白色斑纹是与落叶松毛虫的明显区别；茧灰白色或淡褐色，附有黑色毒毛。老熟幼虫体长80～90 mm。

寄主

油松、华山松、白皮松和樟子松等。

防治措施

1.树干围环、喷涂毒环、绑毒绳法阻止幼虫上树，人工摘除茧蛹、卵块。

2.设置性信息素诱芯监测诱杀成虫。

3.破坏越冬场所，或早春树盘喷药。

4.使用灭幼脲、除虫脲、杀铃脲、松毛虫质型多角体病毒、球孢白僵菌、粉拟青霉、苏云金杆菌等药剂防治低龄幼虫，使用植物源类药剂防治高龄幼虫。

5.卵期释放松毛虫赤眼蜂防治。

成虫

成虫交尾

成虫腹部

初产卵

卵

卵及初孵幼虫

幼虫

幼虫

幼虫

幼虫

老熟幼虫

幼虫头部

茧

茧蛹

为害状

松毛虫诱捕器

| 落叶松毛虫 | *Dendrolimus superans* (Butler) | 枯叶蛾科 | Lasiocampidae |

落叶松毛虫又名西伯利亚松毛虫，属鳞翅目枯叶蛾科，是一种食叶类害虫。

特点

1.成虫趋光性强；越冬幼虫先取食芽苞，展叶后取食全叶；初孵幼虫多群集在枝梢端部，受惊即吐丝下垂随风飘移，2龄后逐渐分散取食，受惊后直接坠落地面；多发生在背风向阳、干燥稀疏的落叶松纯林内。

2.以一年发生1代为主，以3～4龄幼虫在土中、落叶层或树干上越冬。4～5月幼虫上树取食针叶，7～8月为成虫期，10月幼虫陆续下树越冬。

3.雌成虫体长28～45 mm，触角栉齿状；雄成虫体长24～37 mm，触角羽毛状。体色多变，以灰白、黑褐为主，前翅中室白斑大而明显，前翅近外缘有黑斑8个，略

成虫

成虫

成虫

幼虫

呈"3"字形排列。老熟幼虫体长55～90 mm，灰褐色，有黄斑，被银白色或金黄色毛；中、后胸背面有2条蓝黑色闪光毒毛；第8腹节背面有暗蓝色长毛束。

寄主

落叶松、油松、云杉和樟子松等。

防治措施

1.使用诱虫杀虫灯监测诱杀成虫。

2.幼虫上树前，采用树干围环、缠胶带等方式阻隔防治。

3.使用灭幼脲、除虫脲、杀铃脲等药剂防治低龄幼虫，使用植物源类药剂防治高龄幼虫。

4.卵期释放松毛虫赤眼蜂防治。

| 杨褐枯叶蛾 | *Gastropacha populifolia* (Esper) | 枯叶蛾科 | Lasiocampidae |

杨褐枯叶蛾属鳞翅目枯叶蛾科，是一种食叶类害虫。

特点

1.低龄幼虫群集取食，将叶片吃成缺刻或孔洞，3龄以后分散为害；成虫静止时从侧面看形似枯叶；成虫有趋光性。

2.一年发生1代，以幼虫在枝干或枯叶中越冬。翌年4月幼虫开始活动，6月在干、枝上做茧化蛹，7月上旬成虫开始羽化，卵产于叶面或其他地方，呈平行状或块状排列。

3.成虫体长17～36 mm，体翅均为黄褐色，前翅狭长，有多条黑色断续的波状纹，后翅有黑色斑纹3条；老熟幼虫体长68～95 mm，灰褐色，体节两侧均有明显的毛丛，第2，3胸节背面有2个明显的黑色毛簇，腹部第8节背部有圆形瘤状突起1个。

寄主

杨、柳、苹果、梨、桃、樱桃、李、杏、核桃、栎和柏等。

防治措施

1.使用诱虫杀虫灯监测诱杀成虫。

2.人工摘除卵叶，清除枯枝落叶；人工捕杀群集的低龄幼虫。

3.使用除虫脲、Bt、苦参碱等药剂喷雾防治低龄幼虫。

成虫

成虫

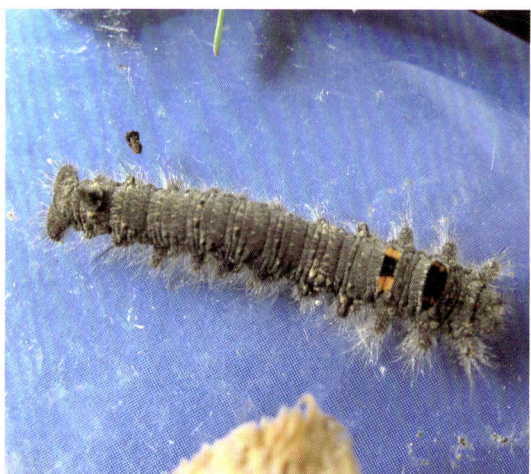
老熟幼虫

老熟幼虫

幼虫头部

幼虫侧面

幼虫背面

| 豆天蛾 | *Clanis bilineata tsingtauica* Mell | 天蛾科 | Sphingidae |

豆天蛾又名大豆天蛾、豆虫，属鳞翅目天蛾科，是一种食叶类害虫。

特点

1.幼虫有避光、转株和夜间为害习性，4龄前隐藏在叶背为害，5龄后转株为害；成虫趋光性强。

2.一年发生1代，以老熟幼虫在土壤中越冬。6月中旬成虫羽化，卵散产于叶背，7月上旬孵化。

3.成虫体翅灰黄色，头顶和胸背有褐色中线1条，前翅前缘近中部有淡黄色半圆形斑1个，翅顶有三角形深色斑纹1个；老龄幼虫第1～8腹节两侧各有黄色斜纹1条，尾角黄绿色，向后下方弯曲。成虫体长40～46 mm，老熟幼虫体长85 mm，蛹体红褐色，长约50 mm，宽约18 mm。

寄主

大豆、刺槐、泡桐、女贞、柳、榆、爬山虎和藤萝等。

防治措施

1.人工捕捉幼虫。
2.使用诱虫杀虫灯监测诱杀成虫。
3.使用Bt、除虫脲和灭幼脲等药剂喷雾防治低龄幼虫。
4.保护利用黑卵蜂和小茧蜂等天敌。

成虫

成虫

幼虫

幼虫

幼虫

| 枣桃六点天蛾 | *Marumba gaschkewitschi* (Bremer et Grey) | 天蛾科 | Sphingidae |

枣桃六点天蛾又名桃天蛾、桃六点天蛾，属鳞翅目天蛾科，是一种食叶类害虫。

特点

1.受害叶片仅残留粗脉和叶柄；幼虫取食不同植物，体色有所差异，受惊易落地；成虫趋光性较强，卵散产于树干缝隙、叶片或嫩梢上。

2.一年发生1～2代，以老熟幼虫在树冠下疏松的土内做土茧化蛹越冬。翌年5月出现越冬代成虫，7月上旬出现第1代成虫；5月下旬至6月、7月下旬至9月分别为第1代和第2代幼虫为害期，9月老熟幼虫入土化蛹越冬。

3.成虫体长36～46 mm，体灰褐色，前翅近臀角处有黑斑1～2个，后翅粉红色，近臀角处有黑斑2个；老熟幼虫体长75～83 mm，头近三角形，体黄绿色，腹侧面有淡黄色斜纹7条。

寄主

枣、桃、樱桃、樱花、紫薇、海棠、核桃、李、杏、苹果、梨和葡萄等。

防治措施

1.使用诱虫杀虫灯监测诱杀成虫。

2.使用除虫脲、灭幼脲等药剂喷雾防治低龄幼虫，使用植物源类等药剂喷雾防治高龄幼虫。

3.保护利用绒茧蜂等天敌。

成虫

幼虫

成虫

幼虫

幼虫

蛹

| 榆绿天蛾 | *Callambulyx tatarinovi* (Bremer et Grey) | 天蛾科 | Sphingidae |

榆绿天蛾又名榆天蛾、云纹天蛾，属鳞翅目天蛾科，是一种食叶类害虫。

特点

1.榆科植物受害较重；大发生时，可将枝条上叶片取食殆尽，形似"光杆"，地面布满碎叶，虫粪颗粒较大。

2.一年发生2代，以蛹在土壤内越冬；6月上旬成虫羽化，6月下旬至8月为幼虫发生期；9月老熟幼虫入土化蛹越冬；卵单产于叶片，幼虫孵化后，先啃食叶表皮，稍长大后蚕食叶片。

3.幼虫体长58～67 mm，绿色或黄绿色，体密生淡黄色颗粒；成虫体长20～35 mm，前翅、腹背绿色，后翅鲜红色。

4.成虫具有较强的趋光性。

寄主

榆、刺榆、柳、榉、卫矛和杨等。

成虫

防治措施

1.加强抚育管理，营造混交林；春季翻树盘，消灭越冬蛹。

2.使用诱虫杀虫灯监测诱杀成虫。

3.人工捕杀幼虫防治。

4.初孵幼虫期，使用除虫脲悬浮剂等喷雾防治；2龄以上幼虫期，使用烟碱•苦参碱等喷雾防治。

卵

初孵幼虫

2龄幼虫

3龄幼虫

4龄幼虫

老熟幼虫

预蛹

蛹

| 樗蚕 | *Samia cynthia* (Drurvy) | 大蚕蛾科 | Saturniidae |

樗蚕又名樗蚕蛾，属鳞翅目大蚕蛾科，以幼虫取食多种林木、果树叶片为害为主。

特点

1.幼虫青绿色，体粗大，被有白粉，各体节均有枝状刺6根，其中背中2根为大。老熟幼虫体长55～60 mm。

2.一年发生2代，以老熟幼虫在杂灌木上结茧化蛹越冬，在树上缀叶结茧越夏，茧灰白色，橄榄形，上端开口。

3.成虫体长20～30 mm，具有趋光性，飞翔能力强。

寄主

臭椿、冬青、悬铃木、合欢、核桃、刺槐、泡桐、香椿和马褂木等。

防治措施

1.人工捕捉幼虫或人工摘茧防治。

2.使用诱虫杀虫灯监测诱杀成虫。

3.低龄幼虫期，使用除虫脲等仿生物制剂喷雾防治；高龄幼虫期，使用植物源类药剂喷雾防治。

4.卵期释放茧蜂和姬蜂等天敌。

成虫

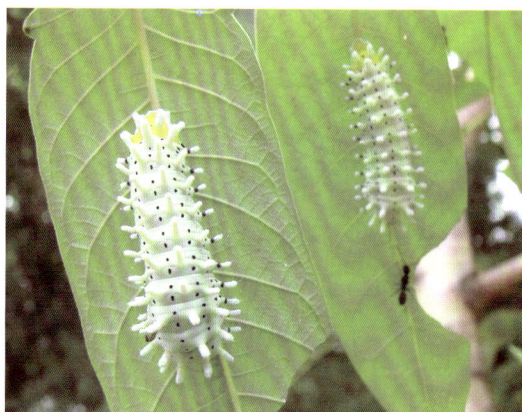

幼虫

| 绿尾大蚕蛾 | *Actias selene ningpoana* Felder | 大蚕蛾科 | Saturniidae |

绿尾大蚕蛾又名水青蛾、长尾月蛾、燕尾大蚕蛾、水青蚕、水绿天蚕蛾等，属鳞翅目大蚕蛾科，是一种食叶类害虫。

特点

1.成虫具有趋光性；成虫后翅臀角延伸呈燕尾状，长约40 mm；1，2龄幼虫有群集为害的习性，3龄后具有暴食性。

2.一年发生2代，以蛹在树木下部枝干分叉处结茧越冬。翌年4月中旬至5月上旬越冬蛹羽化，5月中旬出现第1代幼虫，6月上旬老熟幼虫化蛹，6月下旬至7月上旬出现第1代成虫，7月上中旬出现第2代幼虫，9月上中旬老熟幼虫结茧化蛹进入越冬状态。

3.成虫体长35～40 mm，粉绿色，体表具浓厚白色绒毛，前后翅中央各有眼状斑纹1个，前翅前缘暗紫色，外缘黄褐色；1、2龄幼虫体褐色，3龄橘红色，4龄嫩绿色，老熟幼虫体长73～82 mm，黄绿色。

寄主

柳、榆、枫杨、赤杨、紫薇、火炬树、木槿、沙果、杏、梨、苹果、板栗、樱桃、核桃和石榴等。

防治措施

1.人工捕杀幼虫防治。
2.使用诱虫杀虫灯监测诱杀成虫。

成虫

幼虫

3.使用除虫脲、灭幼脲、杀铃脲等药剂喷雾防治低龄幼虫，使用植物源类药剂喷雾防治高龄幼虫。

幼虫

幼虫

结茧化蛹

茧

茧

蛹

食叶类害虫

银杏大蚕蛾又名核桃楸大蚕蛾、白果蚕、漆毛虫，属鳞翅目大蚕蛾科，是一种食叶类害虫。

特点

1.以幼虫取食多种林木、果树叶片为害。

2.一年发生1代，以卵在枝干树皮裂缝中越冬。翌年4月下旬越冬卵开始孵化，5～6月进入幼虫为害盛期，6月老熟幼虫在树冠下部枝叶间结茧化蛹，8月初成虫羽化、交配和产卵越冬。

3.成虫体长25～60 mm，体灰褐至紫褐色，前翅顶角内侧近前缘有肾形黑斑1个，中部有"月牙形"透明眼斑1个，后翅中部有黑色圆形大眼斑1个。卵长约2.2 mm，椭圆形，初产时乳白色，后变为乳黄，表面黏着黄褐色胶质；初孵幼虫体黑色，老熟后变为黄绿色，体长65～110 mm；蛹长45～56 mm；茧长59～72 mm，黄褐色至深棕色，网状，外常黏附枝叶。

幼虫

寄主

银杏、板栗、核桃、核桃楸、楸、李、梨、苹果、榛、栎、桑、柿、杨和柳等。

雌成虫

雄成虫

防治措施

1.7月中下旬，人工捕杀老熟幼虫或人工摘茧防治。

2.使用诱虫杀虫灯监测诱杀成虫。

3.使用除虫脲、灭幼脲等药剂喷雾防治低龄幼虫。

4.保护利用赤眼蜂、平腹小蜂、黑卵蜂、绒茧蜂、螳螂和蚂蚁等天敌。

结茧化蛹

为害状

| 野蚕 | *Theophila mandarina* (Moore) | 蚕蛾科 | Bombycidae |

野蚕又名桑蚕、野蚕蛾，属鳞翅目蚕蛾科，是一种食叶类害虫。

特点

1.幼虫昼伏夜食，分散为害，常将叶片吃成较大缺刻，或只留下主脉，严重发生

幼虫

幼虫

时可将嫩叶全部吃光。

2.一年发生2代，以卵在枝条上越冬。5月上旬至6月下旬为越冬代幼虫发生期，7月为第一代幼虫发生期。

3.成虫体灰褐色，雌虫体长20 mm，雄虫体长15 mm；老熟幼虫褐色，在叶背或两叶间吐丝结茧化蛹；非越冬卵散产于叶片背面。老熟幼虫体长40～65 mm。

寄主

桑、构树、栎、柿树和扶桑等。

防治措施

1.人工清除枝条上的越冬卵，摘除茧蛹。

2.使用诱虫杀虫灯监测诱杀成虫。

3.使用吡虫啉、植物源类等药剂喷雾防治幼虫。

4.保护利用野蚕黑卵蜂和广大腿小蜂等天敌。

幼虫

幼虫

幼虫头部

成虫

桑蟥	*Rondotia menciana* Moore	蚕蛾科	Bombycidae

桑蟥又名桑蟥蚕蛾，属鳞翅目蚕蛾科，是一种食叶类害虫。

特点

1.成虫翅面有波浪形黑色横纹2条，横纹间有"卜"形斑1个；无盖卵块多产于叶背，有盖卵块几乎全部产在桑树主干和枝条上，且大多数卵都产在倾斜枝的下侧或直立枝的外侧。

2.具有一化性、二化性和三化性的特点，并以有盖卵块在桑树枝、干上越冬。无盖卵块孵化出幼虫；6月上旬孵化的幼虫为头蟥；8月上旬孵化的幼虫为二蟥；9月中旬孵化的幼虫为三蟥。

3.成虫体长8～10.8 mm，豆黄色，雌成虫腹部肥大下垂，雄成虫腹部细瘦上举；成虫有趋光性，白天羽化，夜间飞翔能力较强。幼虫体长10～20 mm。

寄主

桑。

防治措施

1.使用诱虫杀虫灯监测诱杀成虫。

2.使用吡虫啉、植物源类等药剂喷雾防治幼虫。

3.保护利用桑蟥黑卵蜂、桑蟥聚瘤姬蜂和家蚕追寄蝇等天敌。

成虫

成虫交尾

老熟幼虫、茧

茧

茧

茧

卵

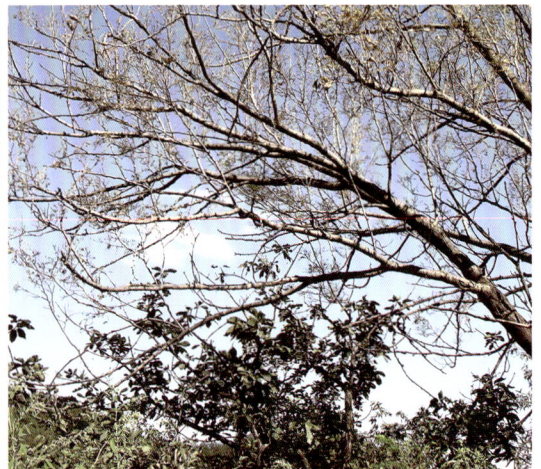

为害状

| 大红蛱蝶 | *Vanessa indica* (Herbst) | 蛱蝶科 | Nymphalidae |

大红蛱蝶又名红蛱蝶、印度赤蛱蝶，属鳞翅目 蛱蝶科，是一种食叶类害虫。

特点

1.幼虫吐丝，将受害叶反卷，在卷叶内取食为害；严重发生时，受害树上布满卷起的虫包。

2.一年发生2代，以成虫在树洞、石缝、杂草、落叶中越冬和越夏。翌年4月成虫开始活动，5月初产卵于叶上；1~2龄幼虫群集结网为害，3龄后分散为害；6月下旬在枝干上倒挂化蛹；9月为第2代老龄幼虫期。

3.成虫体长18~25 mm，体粗壮，黑色；翅黑色，前翅顶角有白斑数个，中央有不规则红色宽横带1条；后翅外缘红色，内有黑色斑4个；老熟幼虫各体节上有黄褐色棘状枝刺。老熟幼虫体长30~40 mm。

寄主

榆、榉、桦、朴和忍冬等。

防治措施

1.人工剪除幼虫群集为害的枝叶，人工摘蛹防治。

2.使用灭幼脲、除虫脲和植物源类等药剂喷雾防治低龄幼虫。

成虫

雄成虫正面

雄成虫反面

幼虫

幼虫

幼虫

幼虫

幼虫化蛹

化蛹初期

蛹

蛹

为害状

为害状

为害状

| 榆蛱蝶 | *Polygonia c-album* (Linnaeus) | 蛱蝶科 | Nymphalidae |

榆蛱蝶又名白钩蛱蝶、白弧纹蛱蝶，属鳞翅目蛱蝶科，是一种食叶类害虫。

特点

1.成虫后翅反面中区有银白色"√"形纹1个，夏型翅黄褐色，秋型翅橙红色；幼虫取食嫩叶，常将叶片咬成缺刻，或仅剩叶脉。

2.一年发生2代，以成虫在树洞、石缝、杂草中越冬。4～10月为成虫活动期。

3.成虫体长16～18 mm，翅展49～54 mm，体背黑褐色，被棕褐色长毛；老熟幼虫体黑色，体长32～36 mm，体背有白色横条细纹；蛹由体末的臀棘悬挂在叶片或枝条上。

成虫（正面）

成虫（背面示白钩）

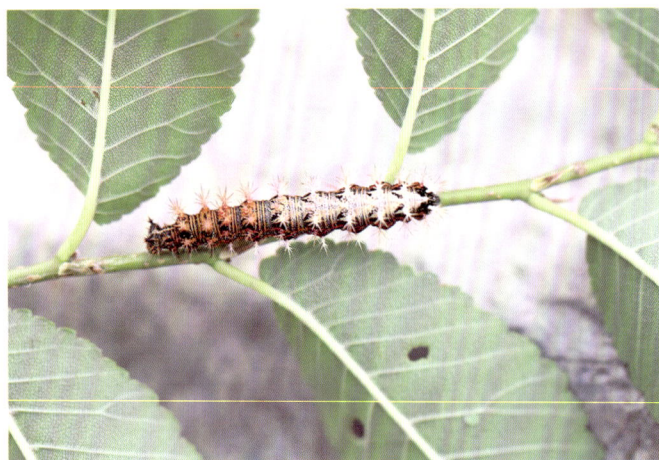
幼虫

寄主

榆、朴、板栗、桦、柳、栎、荨麻、忍冬和葎草等。

防治措施

1.人工捕杀幼虫或人工摘除蛹防治。
2.使用除虫脲、植物源类药剂喷雾防治幼虫。

花椒凤蝶	*Papilio xuthus* Linnaeus	凤蝶科	Papilionidae

花椒凤蝶，又名柑橘凤蝶，属鳞翅目凤蝶科，是一种食叶类害虫。

特点

1.成虫常出现于空旷地或林木稀疏林中，经常在湿地吸水或花间采蜜；幼虫取食寄主嫩芽、嫩叶和嫩梢为害，严重发生时可将整株叶片吃光，苗木和幼树受害较严重，白天伏于叶片主脉上，夜间取食为害，遇惊时从第1节前侧伸出橙黄色"臭丫腺"，放出臭气；蛹斜立于枝干上，越冬蛹黄褐色，非越冬蛹绿色。

2.一年发生2～3代，以蛹在枝条、建筑物等隐蔽处越冬。4月中下旬，即花椒发芽期越冬代成虫羽化，6月上旬第1代成虫羽化，7月下旬第2代成虫羽化。

3.成虫体长约30 mm，翅黄绿色，有许多黑斑纹，边缘黑色，体背有较宽的黑色纵带1条；春型成虫体小、色斑鲜艳，夏型成虫体大、色深；雄虫后翅前缘中部有一个明显黑斑。

寄主

花椒、野花椒、柑橘和黄檗等。

防治措施

1.冬春季节，人工清除树枝、建筑檐下的越冬蛹；生长季节，人工捕捉幼虫，清除蛹。
2.使用除虫脲、灭幼脲、苯氧威和Bt乳剂等药剂喷雾防治低龄幼虫。
3.保护利用金小蜂、广大腿蜂等天敌。

幼虫

幼虫

成虫

食叶类害虫

蛀干蛀果类害虫

| 白蜡哈氏茎蜂 | *Hartigia viatrix* Smith | 茎蜂科 | Cephidae |

白蜡哈氏茎蜂，属膜翅目茎蜂科，是一种为害枝梢的钻蛀类害虫。

特点

1.以幼虫蛀食为害生长旺盛的当年生嫩枝髓部为主，其排泄物充满蛀道，受害枝梢呈"竹筒"状，叶片干枯，并造成大量受害枝梢枯萎。

2.一年发生1代，以老熟幼虫在一年生枝条髓部越冬；白蜡树当年生枝条长约20 cm时（4月中下旬），成虫开始羽化。

3.老熟幼虫越冬前横向啃食木质部，蛀孔仅留枝条表皮，在枝条上形成直径5～7 mm的圆形或椭圆形褐色斑，斑点中央有一个直径为2 mm的"透明状"羽化孔；受害枝梢易风折。

4.雌成虫体长11～15 mm，雄成虫体长8.5～10 mm；老熟幼虫体长10 mm。

寄主

白蜡。

防治措施

1.结合冬剪，剪除受害枝梢，消灭越冬幼虫。

2.成虫发生期，使用烟碱·苦参碱等植物源类药剂喷烟或喷雾防治。

3.幼虫蛀入枝梢前，使用高渗苯氧威喷雾防治。

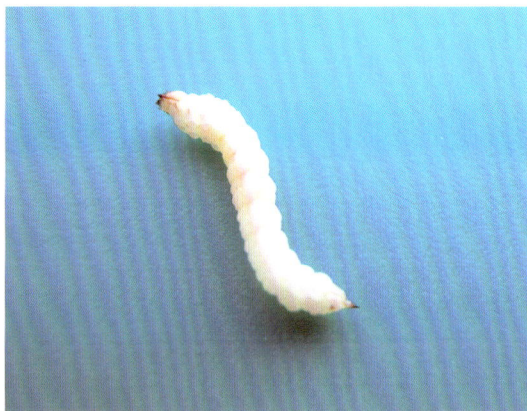

幼虫

蛀道及幼虫

| 栗瘿蜂 | *Dryocosmus kuriphilus* Yasumatsu | 瘿蜂科 | Cynipidae |

栗瘿蜂，又名板栗瘿蜂、栗瘤蜂，属膜翅目瘿蜂科，是一种为害新梢、芽和叶片的害虫。

特点

1.幼虫在新梢、叶柄、叶脉处蛀食刺激形成虫瘿；虫瘿绿色、紫红色，后期枯黄色，呈球形或不规则形；自然干枯的虫瘿一两年内不脱落。

2.一年发生1代，以初孵幼虫在芽内越冬。栗芽萌动时，越冬幼虫开始活动，5月上旬形成虫瘿，6月中旬成虫从虫瘿内钻出。

3.成虫体长2.5～3 mm，黑褐色，有光泽，头短而宽，触角丝状，14节，翅透明，有细毛，足黄褐色。

寄主

板栗等。

防治措施

1.结合冬季修剪，去除瘤瘿枝、细弱枝和无用枝；保持树冠通风透光，可有效降低为害；受害严重时，可采取重度修剪。

2.使用烟碱·苦参碱等药剂喷雾防治成虫。

3.在中华长尾小蜂等寄生蜂成虫期禁止使用药剂防治；剪下并收集内有寄生蜂的瘤瘿枝条，翌年春挂于栗林。

成虫

幼虫

虫瘿

虫瘿

虫瘿

剥开的虫瘿

往年为害状

| 桃仁蜂 | *Eurytoma maslovskii* Nikolskaya | 广肩小蜂科 | Eurytomidae |

桃仁蜂，又名太谷广肩小蜂，属膜翅目广肩小蜂科，是一种蛀食果仁的害虫。

特点

1.雌成虫将产卵管刺入幼果内产卵，幼虫在种仁内蛀食为害；果实受害后，逐渐干缩成灰黑色的僵果，大部分提前脱落，少数仍着生在枝上；成虫在阳光充足温暖的中午活跃，大部分时间在向阳面的树冠外围飞翔，并不断在叶面栖息。

2.一年发生1代，以老熟幼虫在受害僵果内越夏、越冬。延庆，3月下旬开始化蛹，4月中下旬成虫在核内进入羽化高峰，5月上旬至5月下旬成虫在杏核上咬一个洞，爬出活动。

3.成虫体长5～8 mm，体黑色，触角膝状，前翅透明略带褐色，翅脉简单，翅面有明显褶痕，后翅无色，雌成虫触角鞭节丝状，雄成虫触角鞭节念珠状；老熟幼虫体长5.2～8.4 mm，乳白色，呈纺锤形略扁，无足，头小淡黄色，大部缩入前胸内。

寄主

杏、桃和李等。

防治措施

1.结合冬季管理，清除落地及树上的僵果，集中销毁。
2.成虫发生高峰期，使用甲维盐等药剂喷雾防治。

成虫

幼虫

成虫为害果实

成虫为害果实

为害状

杏核受害状

| 黑松木吉丁 | *Phaenops yin* kuban & Billy | 吉丁虫科 | Buprestidae |

黑松木吉丁，又名松迹地吉丁，属鞘翅目吉丁虫科，是一种弱寄生性的蛀干害虫。

特点

1.成虫期较长，虫态极不整齐，夏季可同时看到多种虫态。

2.一年发生1代，以幼虫在树干内越冬。

3.成虫体长10 mm，长椭圆形，蓝黑色，略带金属光泽，产卵于树皮缝中；幼虫前胸膨大，中后胸细窄，头小并缩入前胸内。

4.为害严重，致死率高。

成虫

幼虫

寄主

油松、云杉、落叶松和华山松等。

防治措施

1.加强检疫，防止该虫随苗木传入和扩散蔓延。

2.加强抚育管理，及时清除衰弱木、枯立木。

3.成虫发生期，树干喷洒绿色威雷、噻虫啉等微胶囊制剂防治。

成虫羽化孔

树干受害状

| 白蜡窄吉丁 | *Agrilus planipennis* Fairmaire | 吉丁虫科 | Buprestidae |

白蜡窄吉丁，又名花曲柳窄吉丁，属鞘翅目吉丁虫科，是一种毁灭性蛀干害虫。

特点

1.受害木树冠稀疏，枝叶发黄；羽化孔为"D"字形；根基部常出现萌蘖；树干常出现长5～10 cm的纵向裂缝，受害严重的树木2～3年枯死。

2.一年发生1代，以老熟幼虫在蛀道末端木质部浅层内越冬；成虫发生期为4月下旬至6月下旬；幼虫为害期为6月下旬至10月中旬，幼虫多在枝干浅表层为害，8月中旬后部分幼虫进入木质部。

3.成虫体长8.5～13.5 mm，楔形，铜绿色，具金属光泽；卵多产于树干基部阳面的树皮缝中；幼虫扁长，老熟时体长26～32 mm，头缩进前胸，初孵幼虫多在木质部与韧皮部之间蛀食为害，蛀道呈"S"形。

4.表皮光滑、不开裂的树种和品种受害较轻。

寄主

白蜡、水曲柳和花曲柳等。

防治措施

1.严格检疫，防止白蜡窄吉丁随寄主植物和相关产品扩散蔓延。

2.选择抗虫树种，营造混交林，及时清理虫源木。

3.利用黄绿色黏虫板监测诱杀成虫。

4.成虫期，树干喷洒绿色威雷等药剂。

5.成虫羽化盛期，利用噻虫啉、烟碱·苦参碱等喷干防治。

6.保护利用啄木鸟、白蜡吉丁柄腹茧蜂、白蜡吉丁啮小蜂、肿腿蜂、蒲螨和白僵菌等天敌。

成虫

成虫

羽化孔中的成虫

成虫示腹部

幼虫及为害状

"D"形羽化孔

幼虫"S"形蛀道

受害树根部产生萌条

受害致死的行道树

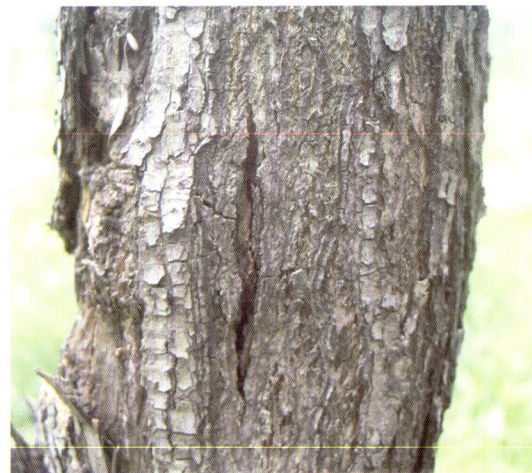

树皮纵向开裂状

杨锦纹截尾吉丁 *Poecilonota variolosa* (Paykull) 吉丁虫科 Buprestidae

杨锦纹截尾吉丁,又名杨锦纹吉丁,属鞘翅目吉丁虫科,是一种蛀干类害虫。

特点

1.树干表皮有褐色坏死斑或水浸状死斑,受害处树皮龟裂,常形成破腹;树干上有整齐的椭圆形羽化孔,受害木易风折;成虫鞘翅末端平齐;幼虫先在韧皮部、后在木质部为害,蛀道弯曲扁平。

2.三年发生1代,以幼虫在树干内越冬。5月下旬为成虫发生高峰期,6月下旬为成虫产卵盛期,卵多产在阳光充足的树干中下部的树皮、枝节裂缝及破裂伤口处,每处产卵1粒。

3.成虫体长13～20 mm,俯视呈纺锤形,侧视呈楔状,紫铜色具金属光泽;前胸背板有明显的黑色中脊;老熟幼虫长可达32 mm,头小多缩进前胸,前胸膨大扁宽。

4.生长衰弱、郁闭度小、15～25年生的光皮树种受害重,西、南向重于东、北向,林缘重于林内,树干重于粗枝。

寄主

小青杨、青杨和小叶杨等。

防治措施

1.加强检疫,选择抗虫树种,营造混交林,及时清理虫源木。

2.使用噻虫啉、植物源类等药剂喷雾防治成虫。

成虫

3.使用吡虫啉等药剂注干防治幼虫。

4.保护利用啄木鸟、猎蝽、寄生蜂和白僵菌等天敌。

成虫侧面

光肩星天牛，属鞘翅目天牛科，是我国北方地区广泛分布、为害较为严重的蛀干类害虫。

特点

1.成虫亮黑色，前胸两侧各有刺突1个，鞘翅上有大小不等、排列不规则的白色或黄色绒斑；身体腹面、腿节、胫节中部及跗节背面着生有蓝灰色绒毛；雌成虫体长22～35 mm，雄成虫体长20～29 mm；老熟幼虫体长50 mm。

2.一年发生1代，以幼虫在枝干内越冬，6月下旬至7月上旬为成虫发生高峰期；成虫晴天活动频繁，8:00～12:00较为活跃，并有取食杨、柳叶柄、叶片和嫩枝皮层补充营养的习性。

成虫

成虫

幼虫

幼虫

蛀干蛀果类害虫

3.成虫多在枝干光滑部位咬一个椭圆形刻槽，并在其韧皮部和木质部之间产卵1粒。

4.新蛀孔外常有湿润的粪屑悬挂；幼虫龄期越高，排泄孔越大。

5.金枝垂柳、馒头柳、中林46杨等受害较重。

寄主

柳、杨、苹果、梨、李、樱桃、樱花、榆、桑、枫、桦、元宝枫、刺槐、槭和法国梧桐等。

防治措施

1.人工捕捉成虫。

2.向蛀孔内注入内吸性和熏蒸类药剂防治。

3.成虫羽化高峰期，喷洒白僵菌、绿僵菌、绿色威雷等药剂防治。

4.保护和利用啄木鸟和花绒寄甲等天敌。

卵

成虫产卵的刻槽

| 桃红颈天牛 | *Aromia bungii* (Faldermann) | 天牛科 | Cerambycidae |

桃红颈天牛，属鞘翅目天牛科，是一种蛀干类害虫。

特点

1.在树干的蛀孔外及地面上常大量堆积红褐色粪屑；成虫体黑色，有光泽，前胸为棕红色（红颈）。

2.二至三年发生1代，以幼龄幼虫（第1年）和老熟幼虫（第2年）越冬；7月中旬至8月中旬为成虫发生盛期；卵多产于距地面35cm以下的树皮缝内。

3.幼虫多由上向下蛀食，可达主根分叉处，干部每隔一定距离有一个排粪孔；主要为害7年以上大树。

4.成虫体长26～37 mm，老熟幼虫体长42～50 mm。

寄主

桃、杏、李、梅、樱桃、苹果、梨、柿树和榆等。

防治措施

1.人工捕杀成虫。

2.树干涂白，防止成虫产卵。

3.成虫发生期，使用2％噻虫啉微胶囊悬浮剂、绿色威雷等树干喷雾防治。

4.保护利用哈氏肿腿蜂、白僵菌等天敌。

5.果园周边栽植榆树引诱防治。

成虫

幼虫

红缘天牛	*Asias halodendri* (Pallas)	天牛科	Ccrambycidae

红缘天牛又名红缘亚天牛，属鞘翅目 天牛科，是一种蛀干类害虫。

特点

1.初孵幼虫先蛀食皮层，在韧皮部和木质部之间取食为害，10月后幼虫蛀入木质部或近枝干髓部越冬；老熟幼虫前胸背板前方骨化部分深褐色，后方非骨化部分呈"山"字形；成虫取食枣花、枣叶等补充营养；成虫鞘翅基部各具朱红色椭圆形斑1个，外缘有朱红色线1条；卵多产于生长势弱的枝干缝隙及伤口处。

2.一年发生1代，以幼虫在蛀道内越冬。翌年春季越冬幼虫开始活动，5～6月成虫羽化。

3.成虫体长11～19.5 mm，体黑色，狭长；老熟幼虫体长约22 mm，乳白色。

寄主

枣、柿、榆、柳、刺槐、锦鸡儿、苹果、李、梨、栎、葡萄、沙棘和臭椿等。

防治措施

1.剪除受害严重的枝条，及时清除林地内抚育剪下的枝条。

2.人工捕捉成虫。

3.树干、主枝涂白，阻止成虫产卵。

4.使用噻虫啉等药剂喷雾防治成虫。

成虫

成虫交尾

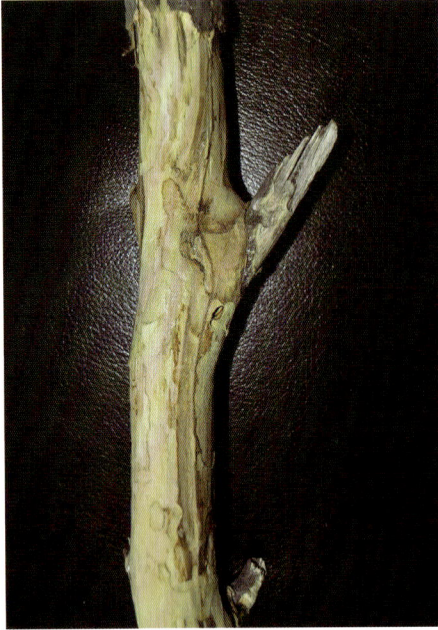

为害状

为害状

| 锈色粒肩天牛 | *Apriona swainsoni* (Hope) | 天牛科 | Cerambycidae |

锈色粒肩天牛，属鞘翅目天牛科，是一种毁灭性枝干害虫。

特点

1.成虫体长28～33 mm，黑褐色，体密被锈色短绒毛，鞘翅基部有黑褐色光亮的

成虫

成虫

瘤状突起；成虫具有取食新梢嫩皮补充营养的习性，受害小枝木质部外露，呈明显白色；羽化孔较大，似一分钱硬币大小；老熟幼虫体长42～60 mm；幼虫在枝干内横向往复蛀食，蛀道呈"Z"字形；树干受害处隆起，呈"关节状"。

2.二年发生1代，以幼虫在蛀道内越冬；成虫发生期为6月上旬至9月中旬；卵块被草绿色"糊状"分泌物覆盖；4月上旬幼虫开始蛀干为害，为害期长达13个月。

3.受害树木树叶发黄，枝条干枯，树皮腐烂脱落，甚至整株死亡。

寄主

国槐、龙爪槐和柳等。

幼虫与蛀道

排泄物

羽化孔

树干受害状

防治措施

1.严格检疫，防止锈色粒肩天牛随寄主植物扩散蔓延。

2.成虫发生期，人工捕捉或喷洒绿色威雷制剂防治。

3.蛀孔注入内吸性和熏蒸类药剂防治。

4.保护利用花绒寄甲等天敌。

蛀干蛀果类害虫

新梢受害状

树干受害部位初期有褐色液滴

| 桑天牛 | *Apriona rugicollis* Chevrolat | 天牛科 | Cerambycidae |

桑天牛，又名桑粒肩天牛、桑干黑天牛、刺肩天牛，属鞘翅天牛科，是一种蛀干类害虫。

特点

1.成虫体长34～46 mm，黄褐色，具有假死性；成虫交尾后常将一年生枝条皮层咬成"川"形刻槽；老熟幼虫体长60 mm，乳白色，头黄褐色，前胸节较大。

2.两年发生1代，以幼虫在枝干内越冬；初孵幼虫先在韧皮部与木质部之间向上蛀食，然后蛀入木质部，再向下蛀食，蛀道较直，每隔一段距离向外蛀一个圆形排粪孔；老熟幼虫常在根部蛀食。

3.蛀孔外常有暗褐色的液体沿树干向下流出。

寄主

桑、杨、构树、柳、苹果、朴、无花果、栎、海棠、樱桃和榆等。

防治措施

1.在杨树片林中配置桑树和构树等喜食树种作为诱饵树，集中喷药防治补充营养的成虫。

2.蛀孔插毒签、放置磷化铝片剂熏蒸防治。

3.成虫发生期，人工捕杀或喷施绿色威雷等微胶囊制剂防治。

4.树干涂白。

5.释放川硬皮肿腿蜂等天敌防治。

成虫

幼虫

为害状

树干受害状

| 中华裸角天牛 | *Megopis sinica* White | 天牛科 | Cerambycidae |

中华裸角天牛，又名中华薄翅锯天牛、薄翅天牛、薄翅锯天牛，属鞘翅目天牛科，是一种蛀干类害虫。

特点

1.幼虫进入木质部后，向上、向下蛀食，蛀道不规则，充满粪屑，严重发生时，树干出现空洞、易折，甚至造成枯死；成虫具有啃食树皮补充营养的习性，雄成虫触角与体等长或略长，雌成虫产卵器明显；是典型的次期性害虫。

2.两年发生1代，以幼虫在蛀道内越冬。翌年5月，老熟幼虫在靠近树皮处做蛹室化蛹；6～7月成虫羽化，在2 m以下树干树皮伤口或其他天牛的蛀孔处产卵。

3.成虫体长30～52 mm，赤褐色或棕褐色；老熟幼虫体长50～70 mm。

寄主

杨、柳、榆、桑、苹果、枣、梧桐、法国梧桐、海棠、栎、栗、白蜡、松和云杉等。

防治措施

1.及时清理受害严重的虫源木。
2.树干注药、插毒签防治。
3.使用绿色威雷、白僵菌、噻虫啉等药剂喷雾防治成虫。
4.保护利用啄木鸟等天敌。

雌成虫

雄成虫

成虫

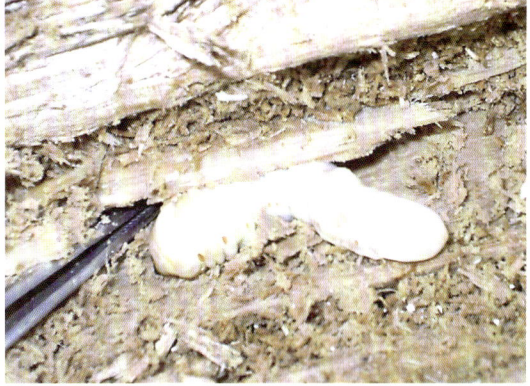

蛀道内的幼虫

| 刺角天牛 | *Trirachys orientalis* Hope | 天牛科 | Cerambycidae |

刺角天牛属鞘翅目天牛科，是一种蛀干类害虫。

特点

1.低龄幼虫排出的粪屑常黏成条状悬挂在排粪孔外，老熟幼虫排出丝状粪屑多散落在地面。

2.两年发生1代，少数三年发生1代，以幼虫或成虫在受害树木内越冬，翌年5月下旬至6月上旬为羽化盛期。

3.成虫体长约40 mm，灰黑至棕黑色，被覆棕黄和银灰色闪光绒毛，雄成虫第

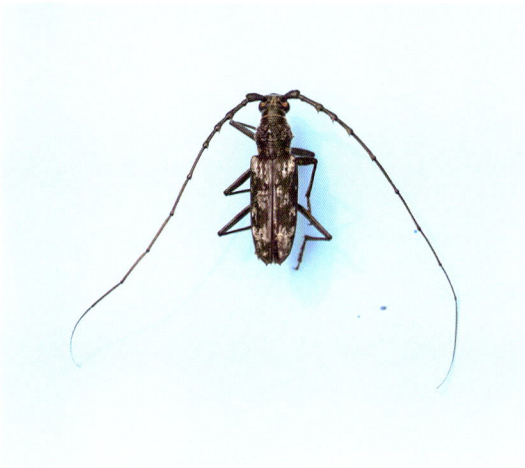

成虫

成虫

3～7节，雌成虫第3～10节触角有较明显的内端刺；老熟幼虫体长约50 mm，淡黄或黄色，前胸背板上部两侧各有"凹"字形褐色斑纹1个，下部两侧各有近三角形褐色斑1个。

4.成虫飞翔能力不强，夜晚活动，白天隐藏在树洞、羽化孔或树皮裂缝处；成虫羽化后取食嫩皮和叶片补充营养，卵散产于中、老龄树树干下部的皮缝、伤口和羽化孔口等处。

寄主

杨、柳、国槐、榆、泡桐、栎、银杏、合欢、梨和臭椿等。

防治措施

1.使用灯光、诱液诱杀或人工捕杀成虫。

2.及时清除枯死木或风折枝，减少虫源。

3.使用噻虫啉树冠、树干喷雾防治成虫。

为害状

为害状

| 云斑白条天牛 | *Batocera horsfieldi* (Hope) | 天牛科 | Cerambycidae |

云斑白条天牛，又名云斑天牛，属鞘翅目天牛科，是一种蛀干类害虫。

特点

1.成虫取食新梢枝皮和嫩叶补充营养；成虫前胸背板中央有一对近肾形白色或橘黄色斑，两侧中央各有一粗大尖刺突；卵多产于树干1.5～2 m处的卵槽内，卵槽凹陷、潮湿；受害树木树势衰弱，受害处树皮向外纵裂，根茎处可见大量丝状粪屑。

成虫

2.2～3年发生1代，以幼虫或成虫在蛀道内越冬。4～6月越冬成虫活动，7月幼虫孵化，翌年8月老熟幼虫化蛹，9～10月成虫在蛹室内羽化越冬。

3.成虫体长32～65 mm，体黑色或黑褐色，密被灰白色绒毛，鞘翅上有数个黄白、杏黄或橘红色的不规则"云片状"斑纹，翅基部有许多颗粒状光亮瘤突；幼虫体长70～80 mm，乳白色至淡黄色。

寄主

白蜡、榆、栎、杨、桦、桑、紫薇、泡桐、苦楝、苹果、梨、核桃和板栗等。

防治措施

1.成虫补充营养期，灯光诱杀或人工振落防治；人工敲击产卵部位防治；使用直径10～20 cm的新鲜诱木诱杀防治；树干涂白防治。

2.虫孔注药防治幼虫。

3.使用噻虫啉、白僵菌等药剂喷雾防治成虫。

4.保护利用益鸟、花绒寄甲、跳小蜂和小茧蜂等天敌。

成虫

成虫头部

成虫腹部

成虫腹部

羽化孔

羽化孔

根茎处丝状粪屑

蛀道横切面

蛀道纵切面

为害状

| 青杨天牛 | *Saperda populnea* (Linnaeus) | 天牛科 | Cerambycidae |

青杨天牛，又名青杨楔天牛、青杨枝天牛、杨枝天牛、山杨天牛，属鞘翅目天牛科楔天牛属，是一种以幼虫为害杨柳科植物的重要蛀干害虫。

特点

1.幼虫喜在粗5～8 mm的枝条上咬破皮层进入木质部取食，受害处成纺锤状瘿瘤，使枝梢干枯，易遭风折，或造成树干畸形，呈秃头状，如在幼树主干髓部为害，可使整株死亡。

2.一年发生1代，以老熟幼虫在枝干的虫瘿内越冬。翌年3月下旬化蛹，4月中旬出现成虫，5月中旬开始孵化，10月上中旬老熟幼虫在坑道内筑蛹室越冬。

3.成虫体长11～14 mm，体黑色，密被金黄色绒毛，鞘翅布满黑色粗糙刻点，两翅鞘各有金黄色绒毛斑4～5个；初孵幼虫为乳白色，老熟幼虫体长15～21.5 mm，深黄色，前胸背板硬化，其上深褐色粒状小点组成"凸"形斑，身体背面有一条明显的中线。

4.成虫羽化时间比较集中，一般在白天中午前后最多，也最活跃，补充营养时咬食叶片边缘呈不规则形缺刻。

寄主

杨、柳等。

防治措施

1.加强检疫，防止带虫苗木出圃和调运。

2.对苗木或幼树可结合人工修剪，剪除虫瘿集中烧毁。

3.保护和利用天敌，如青杨天牛蛀姬蜂。

4.成虫出现初期，喷洒氯氰菊酯防治。

幼虫

蛹

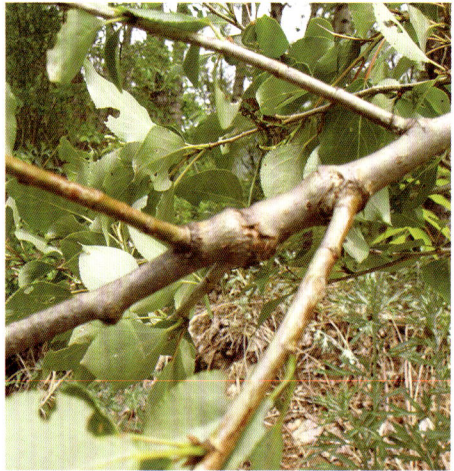

为害状

| 双斑锦天牛 | *Acalolepta sublusca* (Thomson) | 天牛科 | Cerambycidae |

双斑锦天牛属鞘翅目天牛科，是一种以为害根茎为主的钻蛀类害虫。

特点

1.成虫多产卵于距地面20 cm以下的树皮缝内或皮层下；幼虫先向下蛀食主干基部，后在主干表面与木质部之间迂回取食，在树干基部可见白色或褐色木屑虫粪；常造成受害植株生长衰弱、枝叶变黄，甚至枯死。

成虫

2.一年发生1代，以幼虫在根内越冬。

3.主要为害4年生以上的植株。

4.成虫具有假死性；有在草丛栖息和取食寄主植物嫩茎皮层补充营养的习性。

5.成虫体长11～23 mm，老熟幼虫体长15～25 mm。

寄主

大叶黄杨和卫矛等。

成虫

幼虫及蛀道

防治措施

1.严格检疫，防止有虫苗木进入绿化造林地。

2.成虫羽化盛期至产卵期（6月下旬至7月），地表及根茎部位喷施吡虫啉或绿色威雷等防治。

3.在晴天中午人工捕捉成虫。

根部受害状

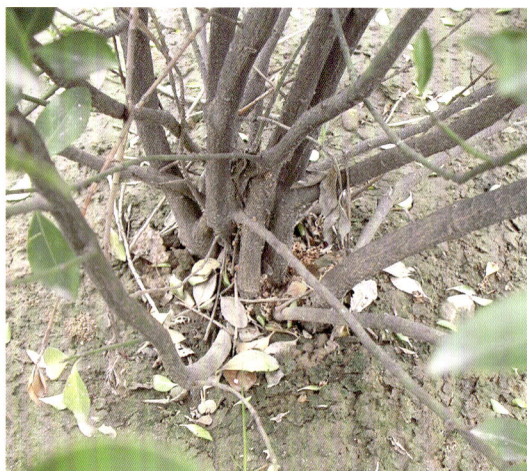

受害树木干基部有木屑

双条杉天牛	*Semanotus bifasciatus* (Motschulsky)	天牛科	Cerambycidae

双条杉天牛属鞘翅目天牛科，以幼虫蛀干为害为主。

特点

1.春季移植的树木受害严重，致死率高。

2.一年发生1代，少数两年1代，以成虫在受害枝干内越冬；两年1代的以幼虫越冬；2月下旬成虫开始出蛰，3月下旬至4月上旬为成虫发生盛期；4月中下旬幼虫开始孵化，并在皮层与木质部之间蛀食为害，5月下旬进入木质部为害。

3.树木和枝条受害部位以上枯黄。

4.成虫体长9～15 mm，鞘翅上有棕黄色或驼色横带2条，老熟幼虫体长22 mm。

寄主

侧柏、桧柏、扁柏、龙柏和沙地柏等。

防治措施

1.及时清除受害严重的树木。

2.成虫发生期使用双条杉天牛诱液或饵木监测诱杀成虫。

3.变春季栽植为雨季栽植，可有效降低双条杉天牛的为害程度。

4.春季大规格苗木移植，应进行药剂喷干（封干），消灭枝干上的卵和初孵幼虫。

5.幼虫发生初期，释放管氏肿腿蜂、蒲螨，招引啄木鸟等天敌防治。

6.在成虫期飞防喷洒噻虫啉防治。

成虫

成虫

幼虫及为害状

卵

桧柏受害状

树干受害状

| 松幽天牛 | *Asemum amurense* Kraatz | 天牛科 | Cerambycidae |

松幽天牛属鞘翅目天牛科，是一种典型的次期性蛀干、蛀根害虫。

成虫　　　　　蛹

特点

1.幼虫主要为害衰弱木和伐桩；树干受害处的木质部软化、腐烂；受害树死亡率高。

2.一年发生1代，6月上旬至7月中旬为成虫发生盛期；蛹、成虫、老熟幼虫和1龄幼虫等多种虫态同时存在。

3.成虫体长11～20 mm，黑褐色，密被灰白色绒毛，腹面有光泽，趋光性很强；成虫触角第5节显著长于第3节；成虫双翅合拢时，鞘翅末端有明显的倒"V"形缺口；老熟幼虫体长25～30 mm，圆柱形。

寄主

松、杉。

防治措施

1.严格检疫，防止松幽天牛随寄主植物传入和扩散蔓延。

2.及时清除受害严重的受害木。

3.利用引诱剂监测诱杀成虫。

4.幼虫孵化初期，利用高渗苯氧威等喷雾防治；成虫期，利用噻虫啉喷雾防治。

5.保护利用蒲螨、大斑啄木鸟等天敌。

幼虫

蛀道

为害状

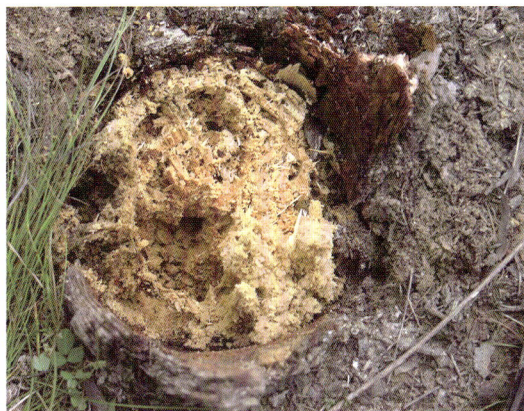

为害状

| 家茸天牛 | *Trichoferus campestris* (Faldermann) | 天牛科 | Cerambycidae |

家茸天牛属鞘翅目天牛科，在北京地区可为害橡木、装饰用藤条而造成扰民。

特点

1.在大连、河南一年发生1代，以幼虫在受害枝干内越冬。翌年3月活动，在皮层下木质部钻蛀，向外排出碎屑。橡木等受害后，可在地面见到大量粉末状木屑。

2.5月下旬成虫开始羽化。成虫有趋光性。

3.喜产卵于直径3 cm以上的橡材皮缝内，也可在未经剥皮或采伐后未充分干燥的木材产卵。用新采伐的刺槐做橡木，最易遭受此虫为害。

4.卵期10天左右，孵化的幼虫钻入木质部与韧皮部之间，蛀成不规则的扁宽坑道。

寄主

刺槐、杨、柳、榆、白蜡、桑、枣、丁香、松、云杉、苹果、梨等；橡木及装饰用藤条。

防治措施

1.灯光诱杀成虫。

2.严重受害木伐后要立即剥皮。

3.橡木等为害不严重时，可采用针管注药杀灭幼虫。

蛀干蛀果类害虫

成虫

成虫

幼虫

幼虫

幼虫及蛀道

蛀道

蛹

为害状

| 芫天牛 | *Mantitheus pekinensis* Fairmaire | 天牛科 | Cerambycidae |

芫天牛属鞘翅目天牛科,是一种蛀根类害虫。

特点

1.以幼虫为害细根根皮和木质部为主,常造成伤口流胶变黑,根部前端死亡,易引发次期性病虫害;成虫具有趋光性;卵成片产于2 m以下树干的翘皮缝内。

2.两年发生1代,以幼虫在土中越冬;6月下旬至7月上旬老熟幼虫化蛹,8月中旬至9月下旬成虫羽化;幼虫至少在土中为害2年。

3.雌雄异型;雌成虫体长15～22 mm,黄褐色,鞘翅短,仅达腹部第2节,无后翅,腹部膨大;雄成虫肩部之后鞘翅显著收窄,端部呈尖角形,体长、体色与雌成虫相似。老熟幼虫体长30 mm。

寄主

油松、白皮松、圆柏、刺槐和白蜡等。

防治措施

1.人工捕杀、灯光诱杀成虫。
2.雌成虫产卵期，树干基部围环阻止其上树。
3.使用绿色威雷、噻虫啉等药剂喷雾防治成虫。
4.使用植物源类药剂树干喷雾防治初孵幼虫。

蛀干蛀果类害虫

雄成虫

| 四点象天牛 | *Mesosa myops* (Dalman) | 天牛科 | Cerambycidae |

四点象天牛属鞘翅目天牛科，是一种蛀干类害虫。

特点

1.经常在林相残破、罹病、衰弱的人工林和行道树上发生严重。
2.两年发生1代，以成虫在落叶层下、树干裂缝内或以幼虫在枝干蛀道内越冬。该虫虫态不整齐，5月越冬成虫开始活动，取食嫩枝皮补充营养，5～7月初孵幼虫在寄主韧皮部和边材间钻蛀为害，7～8月在蛀道内化蛹，8月羽化，10月初在蛀道内越冬。
3.成虫体被灰色短绒毛，并杂有黄色或金黄色毛斑，前胸背板中区有黑斑4个

（前2斑长大，后2斑短小）鞘翅末端颜色较深，体长8～15 mm，宽6～7 mm，体形短阔；雌成虫多在2.5 m以下的干、枝裂缝等处产卵，并覆以褐色胶质物。老熟幼虫体长25 mm。蛹末端具发达的臀棘。

寄主

柳、杨、榆、国槐、核桃、栎、槭、赤杨、白蜡、水曲柳、柏和苹果等。

防治措施

1.适地适树，营造混交林，增强树势，提高抗性。

2.冬季清除枯枝落叶，消灭越冬成虫。

3.树干涂白或使用吡虫啉等药剂防治初孵幼虫；使用毒签毒杀幼虫。

4.保护利用啄木鸟等天敌。

成虫

成虫

成虫（示四点）

为害状

| 多带天牛 | *Polyzonus fasciatus* (Fabricius) | 天牛科 | Cerambycidae |

多带天牛，又名黄带蓝天牛、黄带多带天牛，属鞘翅目天牛科，是一种蛀干类害虫。

特点

1. 幼虫先环形上蛀，后向下回蛀至根茎处和根部，根部可蛀30 cm以上，蛀道光滑，虫粪全部排出蛀道外，后期留在蛀道内。在根茎处蛀道内化蛹，蛹期11～16天。5龄幼虫进入暴食期。

2. 两年1代，以幼虫在干内越冬。6月中旬成虫羽化，8月下旬出现初孵幼虫，翌年幼虫在干内活动1年并再次越冬，第三年6月化蛹，羽化成虫。成虫对蜜源植物趋性很强，喜群集取食，卵散产于1～2年生玫瑰枝条基部1.5～5 cm处向阳面。

3. 雌成虫体长12.9～19.3 mm；雄成虫体长11.6～18.5 mm。触角线状。前胸背板有不规则褶皱，并着生1对圆锥形侧刺突。鞘翅蓝黑色，中央有明显的黄色横带2条，在每条横带上有相互平行的浅黄色纵线4条。老熟幼虫体长12.9～31.8 mm。

寄主

杨、柳、刺槐、竹、桔、桉、槲、松、柏、菊科、蔷薇科及伞形花科。

防治措施

1. 人工捕杀成虫。
2. 树干封闭熏蒸杀灭幼虫。
3. 释放蒲螨。

成虫

青杨脊虎天牛	*Xylotrechus rusticus* (L.)	天牛科	Cerambycidae

青杨脊虎天牛属鞘翅目天牛科，是一种蛀干类害虫，是国家规定的检疫性有害生物，对北京林木资源构成潜在威胁。

特点

1.成虫活跃，能做短距离飞行，卵产于老树皮夹层或裂缝内，呈堆状；初孵幼虫群集并向四周扩散钻蛀为害，形成1～2 m不等的集中虫害木段；中老龄树木受害较重，粗皮树种重于光皮树种，林缘重于林内，孤立木重于群林，主干重于侧枝，树干下部重于上部。

2.在黑龙江省一年发生1代，以幼虫在木质部的蛀道内越冬。翌年4月上旬幼虫开始活动，6月上旬为羽化盛期，7月下旬幼虫进入木质部为害，10月下旬在坑道内越冬。

3.成虫体长11～22 mm，黑色，头顶有"V"形隆起线，前胸背板有不完整的淡黄色斑2条，鞘翅上具淡黄色模糊细波纹3～4条；老熟幼虫体长30～40 mm。

寄主

杨、柳、桦、栎、椴和榆等。

防治措施

1.严格检疫，防止其随调运木材传播和扩散蔓延。

2.树干涂白，伐除受害严重的受害木，配置青杨、小叶杨等饵木诱杀成虫。

3.使用高渗苯氧威喷干防治初孵幼虫，使用噻虫啉或绿色威雷等药剂喷干防治成虫。

成虫

成虫

蛀干蛀果类害虫

北京林业有害生物　275

蛀孔

幼虫

幼虫

为害状

| 栗山天牛 | *Massicus raddei* (Blessig) | 天牛科 | Cerambycidae |

栗山天牛属鞘翅目天牛科，是一种蛀干类害虫。

特点

1.受害枝干千疮百孔，易出现风折；幼虫可在蛀道内蛀食1 000天以上；虫卵一般产在30年生以上、木栓层较发达、树皮裂缝较深的树干部位，在树干6 m以下，南或东南方向卵粒较多。

2.三年或四年发生1代，以幼虫在蛀道内越冬，幼虫前胸背板有"凸"字形斑纹。当年孵化的幼虫蜕皮1~2次；翌年，幼虫经过2~3次蜕皮以4龄幼虫越冬；第三年以5~6龄老熟幼虫越冬，老熟幼虫体长70 mm；第四年5月老熟幼虫化蛹，6月成虫羽化；蛹、成虫和卵期仅为2个月左右。

3. 成虫具有较强的趋光性、群集性和飞翔能力；成虫体长40~48 mm，灰褐色，披棕黄色短毛，胸背有不规则横纹；触角第3节长度约为第4，5节长度之和，雄成虫触角长度约为体长的1.5倍，雌成虫触角等于或略短于体长。

寄主

辽东栎、蒙古栎、麻栎、槲树、栓皮栎、桑、泡桐、水曲柳、苹果和梨等。

防治措施

1.及时清理受害严重的受害木。

2.使用诱虫杀虫灯监测诱杀成虫。

3.使用绿色威雷、噻虫啉等药剂喷雾防治成虫。

4.保护利用啄木鸟、花绒寄甲和白蜡吉丁肿腿蜂等天敌。

成虫

成虫

成虫、幼虫和蛀道

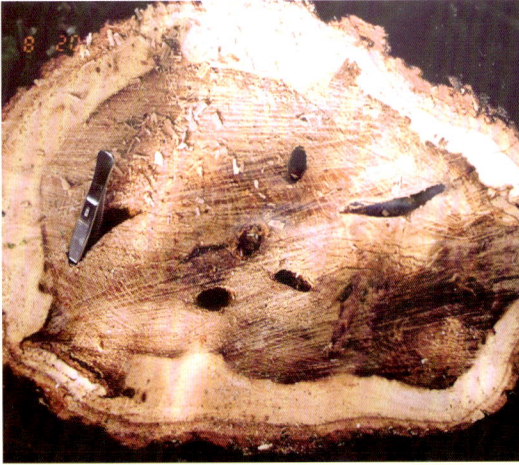

受害株树干横切面

多年受害的主干

| 黑点粉天牛 | *Olenecamptus clarus* Pascoe | 天牛科 | Cerambycidae |

黑点粉天牛属鞘翅目天牛科，是一种蛀食枝干类害虫。

特点

1.成虫体长8～17 mm。体黑褐色，触角及足棕黄色。全身密被白色粉毛，头顶后缘有长形黑斑3个。前胸两侧各有卵形黑斑2个，背板中央有黑斑1个，有时向前后延伸呈不规则的纵条纹。鞘翅黑斑有两种类型：一种在每翅上有翅点4个，其中位于肩上1个，长形；翅中央2个，圆形，分别在基部1/4处和中部之后；接近翅端外缘1个，卵形，较小。另一种每翅仅有斑点3个，无端斑，此种类型在前胸中央的斑点及两侧的斑点常有变异。

成虫

寄主

桑、桃、杨和柳等。

防治措施

1.及时清理受害严重的树木。

2.人工捕捉成虫。

3.使用绿色威雷、噻虫啉等药剂喷雾防治成虫。

4.保护利用啄木鸟、花绒寄甲等天敌。

巨胸虎天牛	*Xylotrechus magnicollis* (Fairmaire)	天牛科	Cerambycidae

巨胸虎天牛，又称巨胸脊虎天牛，属鞘翅目天牛科，是一种蛀干害虫。

特点

1.受害树木韧皮部和木质部剥离，充满大量木屑和虫粪；羽化孔圆形，直径3 mm。

2.成虫体长9～15 mm，前胸背板较大，近方形，多为红色，翅基部、翅基1/3处与翅尾1/3处，各具1个淡黄色横斑；鞘翅肩部宽，端部窄，端部微斜切，外端角尖。

3.老熟幼虫体长24 mm，圆柱形，乳白色，前胸背板后侧具有褐色横斑。

寄主

国槐、栎树、柿树、核桃和杨等。

成虫

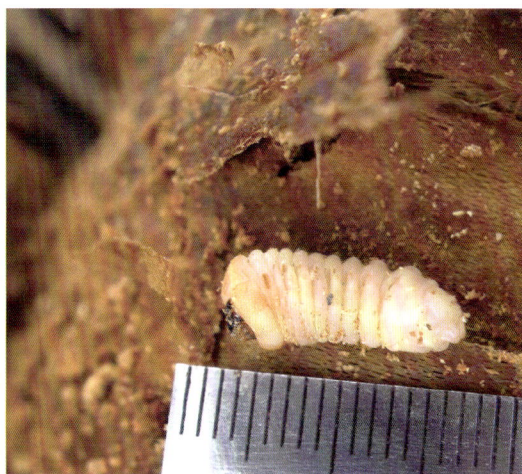

幼虫

防治措施

1.严格检疫，防止巨胸虎天牛随寄主植物扩散蔓延。

2.加强树木养护管理，增强树势；清除销毁严重受害木。

3.成虫发生期，使用噻虫啉喷雾防治。

蛀道

树干受害状

树干受害状

沟眶象和臭椿沟眶象	*Eucryptorrhynchus chinensis* (Olivier)	象甲科	Curculionidae

沟眶象及臭椿沟眶象均属鞘翅目象甲科，是为害严重的蛀干类害虫。

特点

1.幼虫蛀干为害，在树干受害处常有白色泪痕状胶状液溢出，严重发生时，可造成寄主植物死亡。

2.一年发生1代，以幼虫在树干内、成虫在树干基部土壤中越冬。

3.成虫多在树干上活动，不擅飞翔，具有假死性；产卵前有取食嫩梢、叶片和叶柄补充营养的习性；4～10月均可见到成虫。

4.沟眶象和臭椿沟眶象常混合发生。沟眶象成虫体长13.5～18mm，臭椿沟眶象成虫体长约11.5mm。体黑色；臭椿沟眶象前胸背板几乎全白色、刻点无或小，沟眶象前胸背板为黑色或赭色、刻点大而深；臭椿沟眶象鞘翅肩部及后端部几乎全白色、刻点小而浅，沟眶象鞘翅肩部及端部白色中参有赭色、刻点大而深。

5.人工林和行道树受害较重。

寄主

臭椿、千头椿等。

防治措施

1.严格检疫，防止沟眶象和臭椿沟眶象随寄主植物扩散蔓延。

2.在幼虫孵化初期，利用内吸性药剂涂干或喷干防治。

3.成虫发生期，利用其假死性人工捕杀或喷施绿色威雷防治。

4.及时清理受害严重的树木。

沟眶象成虫

臭椿沟眶象成虫

臭椿沟眶象成虫交尾

幼虫

羽化孔

树干受害状

树干受害状

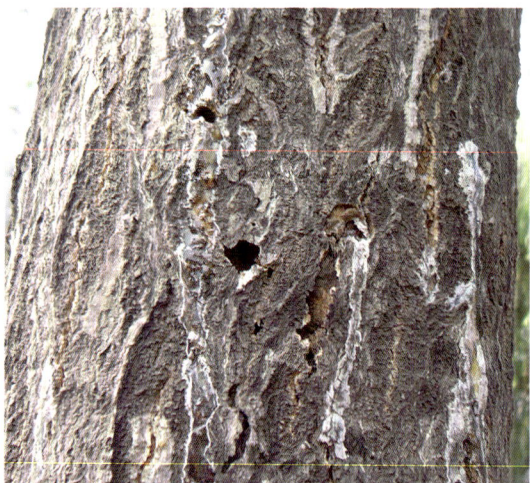

为害状流胶

| 杨干象 | *Cryptorrhynchus lapathi* Linnaeus | 象甲科 | Curculionidae |

杨干象，又名杨干白尾象、杨干隐喙象，属鞘翅目象甲科，是一种毁灭性的蛀干害虫。

特点

1.主要为害苗木、人工幼林和新造林的枝干，轻者造成枝梢干枯、枝干折断，重者整株死亡。

2.辽宁省一年发生1代，6月即可见到成虫，成虫期较长。成虫体长8～10 mm，长椭圆形，黑或棕褐色，被灰褐色鳞片，其间散布白色鳞片；喙弯曲膝状，尾部白色。老熟幼虫体长9 mm。

3.侵入孔处常有黑褐色或红褐色丝状物排出；枝干受害处初期微下凹，并有红褐色水渍状、油渍状斑痕或呈倒马蹄形刻痕，后期树皮常裂开呈"刀砍状"；在木质部内形成不规则片状蛀道。

4.主要通过调运苗木远距离传播。

成虫

成虫

幼虫侵入初期为害状

寄主

杨、柳和桦等。

防治措施

1.严格检疫，防止杨干象随相关寄主植物传入扩散蔓延。

2.营造混交林，及时剪除有虫枝条，锤击卵及初龄幼虫；利用成虫假死性人工捕杀防治。

3.利用溴氰菊酯、氰戊菊酯等点涂枝干受害部位，或利用熏蒸剂注堵排粪孔防治。

4.人工招引啄木鸟等天敌和利用球孢白僵菌、斯氏线虫等防治幼虫。

幼虫

蛀孔

蛹（腹面）

6蛹（背面）

枝干受害状

杨树受害状

柳树受害状

| 赵氏瘿孔象甲 | *Coccotorus chaoi* Chen | 象甲科 | Curculionidae |

赵氏瘿孔象甲属鞘翅目象甲科，是一种蛀枝类害虫。

特点

1.幼虫主要在当年生枝条的端部为害，受害部位增生并形成"圆球状"虫瘿，严重发生时，树冠形成大量虫瘿；虫瘿初期黄绿色，质地幼嫩，后变为灰白色，瘿壳坚硬，冬季变为灰褐色；成虫啃食新萌发的叶芽补充营养，并造成叶芽缺损；成虫假死性强，但遇有刺激不易落地。

成虫

幼虫及虫瘿

2.一年发生1代，以成虫在树冠上的虫瘿内越冬。翌年3月中旬越冬成虫啃食蛀破虫瘿，形成直径1.8～2.5 mm的圆孔；4月中旬，大部分成虫爬至枝条上取食新生叶芽为害；如遇有晚霜或倒春寒，大部分成虫仍能钻回洞中御寒；5月上旬初孵幼虫蛀食新生枝条深达1.5～2 cm，形成虫瘿，并以虫瘿内壁为食；8月下旬羽化为成虫。

3.成虫体长约7 mm，褐色，密被灰白或黄褐色针状毛，前胸背板前缘有凹陷斑2个；老熟幼虫体长7.0～8.2 mm，纺锤形，稍弯曲，黄褐色。

寄主

小叶朴和大叶朴。

防治措施

1.结合抚育管理，人工剪除虫瘿枝，集中销毁。

2.树干注射吡虫啉等内吸性药剂防治幼虫。

3.使用苯氧威等药剂喷雾防治成虫和初孵幼虫。

4.保护利用鸟类、蚂蚁、蜘蛛和瘿孔象刻腹小蜂等天敌。

幼虫及虫瘿

虫瘿

虫瘿

为害状

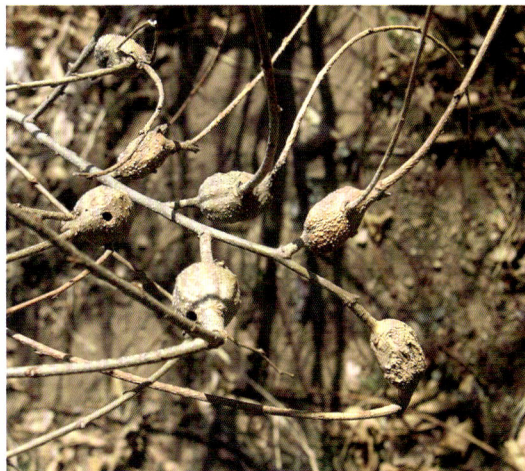

为害状

| 日本双棘长蠹 | *Sinoxylon japonicus* Lesne | 长蠹科 | Bostrichidae |

日本双棘长蠹，又名二齿茎长蠹，属鞘翅目长蠹科，是一种为害严重的蛀干类害虫。

特点

1.3月下旬（日平均温度 10.5 ℃）时，越冬代成虫从芽子、小枝或剪锯口附近蛀入枝干，先蛀食纵道，后在枝条上形成"环状蛀道"，严重影响枝条养分、水分的上下运输，受害枝条干枯易折。

2.一年发生 1 代，以成虫在枝干老翘皮、土缝中越冬；7 月上旬为第 1 代成虫发生期，并以蛀食枯枝或半枯枝为主。

3.成虫体长4.6 mm，黑褐色，圆筒形；鞘翅后部向下倾斜明显，鞘翅末端有1对明显的"刺状突起"；对白炽灯有趋光性；老熟幼虫体长4 mm。

寄主

柿、国槐、白蜡、刺槐、海棠、侧柏、合欢和栾树等。

防治措施

1.加强产地检疫、调运检疫和检疫复检，防止其随苗木传入和扩散蔓延。

2.加强综合管理，增强树势，提高抗虫力。

3.第 1 代成虫羽化前（6月中旬），清除受害严重的树木，清理受害枝条和风折枝，集中销毁，降低虫口密度。

4.越冬代成虫为害盛期前（4 月上旬）、第1代成虫羽化期（7 月上旬），使用植物源类药剂和微胶囊制剂等枝干喷雾防治。

成虫

成虫

成虫及羽化孔

枝条横切面环形蛀道

枝条受害状

洁长棒长蠹	*Xylothrips cathaicus* Reichardt	长蠹科	Bostrichidae

洁长棒长蠹属鞘翅目长蠹科，是近年北京地区多次在调入苗木检疫复检中发现的钻蛀类害虫。

特点

1.一年发生1代，以成虫在蛀道内越冬。喜蛀入衰弱木，并产卵其上，在枝干内蛀食、化蛹和羽化。

2.成虫体长约7 mm，长圆筒型，黑色，鞘翅后缘急剧倾斜呈截状，周围具角状突起8个。5月初可见成虫。

3.幼虫蛴螬型，前口式，无眼，触角4节，胸足3对发达。在树干上的蛀道常呈横向。

寄主

国槐、杨树、紫薇、紫荆。

防治措施

1.加强树木养护管理。
2.及时烧毁严重受害木。

成虫

成虫

成虫

蛀干蛀果类害虫

蛀道及成虫

蛀道

蛀孔

蛀孔

| 脐腹小蠹 | *Scolytus schevyrewi* Semenov | 小蠹科 | Scolytidae |

脐腹小蠹属鞘翅目小蠹科，是一种次期性蛀干害虫。

特点

1.该虫在寄主的韧皮部和木质部附近取食，可入侵多种生长不健康的树木，多在主干上，也可以较大的枝条上蛀食（通常直径大于3～5 cm）。近年来，在平原造林引进的榆树中多有发生。

2. 坑道特征：母坑道为单纵坑道，长3～9 cm（甚至更长）。子坑道稠密，40～70条，自母坑道向两侧水平伸出，部分再转弯沿树干向上或向下伸展。子坑道长4～6 cm，蛹室位于坑道尽头，呈椭圆形。

3. 成虫特征：体长3.0～4.1 mm；体色及斑纹有变化；头黑色，前胸背板前半或大部黑色，后缘红褐色，鞘翅红褐色，常在鞘翅中部具一黑褐色横带。雌雄性二型，第2腹板中部均具瘤突（脐突），通常端部稍膨大，但在不同个体间有相当差异。

4. 一年发生2代，多以老熟幼虫在树皮下蛹室内越冬，也有其他虫态越冬。成虫飞翔能力差，羽化的成虫经补充营养后可入侵原树或附近的弱树。

寄主

榆、垂柳、杏、桃、樱桃、梨、苹果等。

防治措施

1. 调运苗木时要严格检疫。

2. 选用健壮的榆树苗木，加强管理，如有条件应在春季干旱时给榆树浇水，增强树体抗性。

3. 对于已遭脐腹小蠹为害的榆树，宜及时清除，生长明显不良或濒死的榆树，宜连根拔起剥皮、焚烧或水中浸泡等处理树皮中的小蠹。

4. 保护普通郭公虫、榆痣斑金小蜂、小蠹蒲螨等天敌，可人工饲养和释放小蠹蒲螨等。

5. 在成虫羽化盛期可对树干和树冠喷药，如敌杀死、氰戊菊酯。

 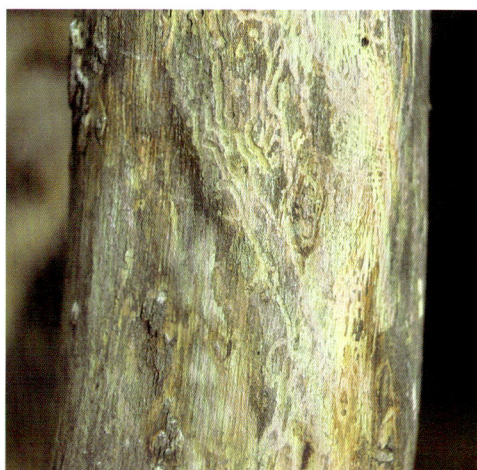

| 成虫 | 为害状 |

柏肤小蠹	*Phloeosinus aubei* Perris	小蠹科	Scolytidae

柏肤小蠹属鞘翅目小蠹科，是一种钻蛀类枝干害虫。

特点

1.成虫在直径2 mm的健康枝梢上蛀食补充营养，常造成受害枝梢风折、落地，并有转梢为害的习性。

2.多为一年1代，主要以成虫在较粗枝梢皮层内越冬；3月中旬成虫飞出寻找衰弱树，在树干上蛀圆形孔侵入、交尾和产卵，6月上中旬新一代成虫羽化飞出；9月中下旬成虫开始越冬。

3.幼虫蛀道呈放射状，5月中下旬幼虫老熟，并在子坑道末端化蛹。

4.成虫体长2.1～3 mm，老熟幼虫体长2.5～3.5 mm。

寄主

侧柏、桧柏、龙柏和杉等。

防治措施

1.加强养护管理，增强树势；及时将抚育、间伐下来的树木和枝梢清除出林地。

2.设置饵木和诱液监测诱杀成虫。

3.成虫补充营养期，利用高渗苯氧威、烟碱•苦参碱等树冠喷雾防治；利用烟碱•苦参碱等植物源类药剂喷烟防治。

4.释放蒲螨、管氏肿腿蜂等天敌。

成虫及蛀道

幼虫及为害状

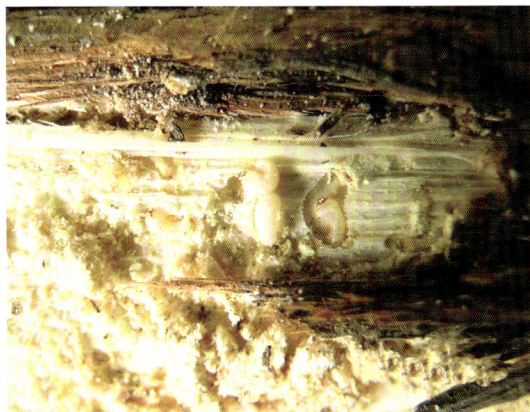

幼虫及为害状

往年为害状

为害状

成虫为害后落地新梢

| 松纵坑切梢小蠹 | *Tomicus piniperda* Linnaeus | 小蠹科 | Scolytidae |

松纵坑切梢小蠹属鞘翅目小蠹科，是一种次期性蛀干害虫。

特点

1.补充营养期，地面常有大量受害的新梢；未落地的受害枝条变黄，症状近似于松梢螟为害状；中幼龄抚育后的松林常有发生；常与横坑切梢小蠹混合发生，有时与多毛切梢小蠹混合发生；一般阳坡比阴坡的油松受害早，立地条件差的比立地条件好的油松受害早；衰弱木比健康木受害重，林缘比林内受害重。

2.一年发生1代，以成虫在受害树木基部落叶层或地表以下10 cm以内的树皮内越冬。翌年3月中旬越冬成虫取食嫩梢补充营养，即干转梢期；4月中旬补充营养后的越冬成虫寻找衰弱木或林中贮放的原木并在树干内产卵为害，即梢转干期；9月上旬，成虫下树越冬。

3.成虫体长3.4～5.0 mm，头部半球形，额中央有纵隆起线，鞘翅尾部斜面第二沟间部凹陷，表面平坦，没有颗粒和竖毛。幼虫体长5～6 mm。

寄主

油松、雪松和华山松等。

防治措施

1.防止树势衰弱，及时清除衰弱木、风折木、虫害木以及抚育管理剪下的枝桠、梢头等。

2.成虫活动期，在林缘或松树周边悬挂纵坑切梢小蠹诱捕器或设置饵木监测诱杀成虫。

3.成虫扬飞高峰期至转干期，使用噻虫啉、植物源类等药剂喷干防治。

成虫

蛹

蛹

蛀入孔

为害状

受害后掉落的松梢

为害状

为害状

为害状

| 红脂大小蠹 | *Dendroctonus valens* Le Conte | 小蠹科 | Scolytidae |

红脂大小蠹属鞘翅目小蠹科，是一种毁灭性蛀干、蛀根害虫。

特点

1.具有繁殖快、传播快、成灾快、致死快等特点。

2.在山西一年发生1代，少数一年发生2代或二年3代，以成虫、2龄以上幼虫在树干基部、主根、侧根的韧皮部越冬，偶见以卵和蛹越冬；4月末成虫开始扬飞，5月中下旬为扬飞盛期；6月上旬为产卵盛期，6月中旬为孵化盛期；8月上旬新一代成虫羽化。

3.主要为害30年生以上或胸径10 cm以上的大树，侵入部位多集中在距地面0.5 m以下的树干基部和根部；当年侵入孔处常有松脂、虫粪、蛀屑形成的红褐色漏斗状或不规则状凝脂块，往年凝脂块为浅白色或灰白色。

4.林缘比林内重、疏林比密林重、阳坡比阴坡重、大树比小树重、伐桩比活立木重、衰弱树比健康树重。

5.识别特征（见附录4）。

寄主

油松、白皮松、华山松、云杉、冷杉和落叶松等。

成虫

幼虫

卵

红色漏斗形凝脂块（当年为害状）

红色漏斗形凝脂块（当年为害状）

凝脂块（往年为害状）

诱捕器

防治措施

1.严格检疫，防止红脂大小蠹随松科树木传入和扩散蔓延。

2.应用引诱剂监测诱杀成虫。

3.虫孔注药防治。

4.释放大唼蜡甲等天敌。

油松梢小蠹	*Cryphalus tabulaeformis* Tsai et Li	小蠹科	Scolytidae

油松梢小蠹属鞘翅目小蠹科，是一种次期性枝干害虫。

特点

1.首先从树木基部开始侵入，逐渐向上部为害；成虫喜欢在衰弱树、抚育下的新鲜枝条上产卵繁殖；新植衰弱树易受害。

2.一年发生3代，多以幼虫、其次以成虫、个别以蛹在枝干皮层内越冬。4月上中旬越冬幼虫开始化蛹，5月中下旬成虫活动盛期；6月下旬至7月上旬为第1代成虫活动盛期；9月上中旬为第2代成虫活动盛期；10月中下旬第3代幼虫越冬，占越冬虫量的80%；10月中旬部分第3代成虫在原坑道内潜居越冬，占越冬虫量的20%。

3.成虫体长约2 mm，雄成虫额上方有一横向隆起，前胸背板前缘有颗瘤4～6枚，以中间2个较大。

成虫及坑道

为害状

寄主

油松。

防治措施

1.加强水肥管理，增强树势。

2.及时剪除枯梢，清理枯死木。

3.饵木和信息素监测诱杀成虫。

4.苗木移栽前后，使用菊酯类药剂封干预防。

5.保护利用步甲、寄生蜂和啄木鸟等天敌。

为害状

| 品穴星坑小蠹 | *Pityogenes scitus* Blandford | 小蠹科 | Scolytidae |

品穴星坑小蠹属鞘翅目小蠹科，是一种次期性蛀干类害虫。

特点

1.成虫体长1.7～2.5 mm；黄褐色至黑褐色（颜色随时间加深），头胸部颜色常比鞘翅的深；触角、足黄棕色至褐。雄虫额面平直，中线稍隆起；雌虫头额的鉴别特征是雌虫头额部具3个圆形的穴形凹陷，成"品"字形排列，上方的一个凹陷大，下方的2个凹陷小，后者凹陷直径约是前者的1/2。

2.母坑道6～7条，从交配室向外伸展，或直或弯曲，子坑道较密集。

3.品穴星坑小蠹可入侵生长衰弱的寄主植物主干和小枝，在昌平蟒山国家森林公园可入侵直径仅1.5 cm 的白皮松小枝。新一代小蠹可重复入侵白皮松，树皮内小蠹的数量很多，长期及数量众多小蠹的啃食造成树木的死亡。

寄主

白皮松。

防治措施

1.调运白皮松要加强检疫，杜绝品穴星坑小蠹被引入新区。

2.加强养护管理，增强树势，及时清除受害严重的虫害木，对伐桩及时处理。

3.利用聚集信息素或白皮松饵木监测诱杀成虫。

4.在成虫羽化盛期（5月和8月份）可对树干和树冠喷药，如敌杀死、氰戊菊酯（速灭杀丁）。

成虫

成虫

成虫、幼虫及蛀道

成虫及为害状

幼虫及蛀道

蛀道

羽化孔

为害状

为害状

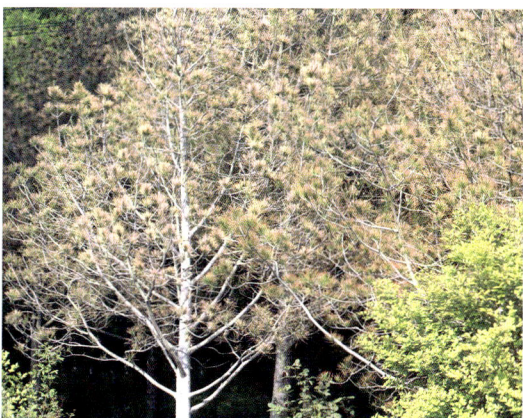

为害状

| 落叶松八齿小蠹 | *Ips subelongatus* Motschulsky | 小蠹科 | Scolytidae |

落叶松八齿小蠹，又名八齿小蠹，属鞘翅目小蠹科，是一种蛀干类害虫。

特点

1.坑道多为复纵坑，在立木上呈倒"Y"形，在倒木上3条或多条放射状向外伸展；成虫黑褐色、有光泽，体长4.4～6 mm；每个鞘翅末端斜面有齿突4个，自里向外第1和第4齿较小，第2，3齿较大且间距也大，且与云杉八齿小蠹的区别是本种额下部中央无瘤。

2.在黑龙江佳木斯地区一年2代，一年有3次成虫扬飞高峰期，主要以成虫在枯枝落叶层、伐根或楞场原木皮下越冬。

3.衰弱木、新倒木、火烧迹地、食叶害虫猖獗或风雨旱涝等地区受害重。

寄主

落叶松和云杉等。

防治措施

1.加强抚育管理，增强树势；及时清理衰弱木、风倒木和受害较重的树木。
2.饵木和信息素监测诱杀成虫。
3.使用噻虫啉等药剂喷雾防治成虫。
4.保护利用暗绿截尾金小蜂、长蠹刻鞭茧蜂和红胸郭公虫等天敌。

成虫

成虫

成虫侵入

羽化孔

幼虫

成虫和卵

虫口密度很大

蛹室内的成虫、幼虫、蛹

蛹室内的大龄幼虫

子坑道里的幼虫

蛀干蛀果类害虫

初期坑道

排粪孔

| 松十二齿小蠹 | *Ips sexdentatus* Boerner | 小蠹科 | Scolytidae |

松十二齿小蠹，又名十二齿小蠹，属鞘翅目小蠹科，是一种蛀干类害虫。

特点

1.衰弱木、风倒木、过火木受害较重，也为害健康的活立木；坑道为复纵坑，在立木上通常1上2下，呈倒"Y"形；生活史不整齐；成虫每个鞘翅末端斜面有齿突6个，其中以第4齿最大，尖端呈钮扣状。

2.一年发生1代，以成虫在受害木韧皮部内越冬。5月上旬越冬成虫开始活动，筑坑产卵；8月中旬至9月下旬为成虫活动高峰期。

成虫

坑道里的成虫

3.成虫体长6.7～7.3 mm，黑褐色有光泽；幼虫体长6.7 mm，圆柱形。

寄主

油松、华山松、落叶松和云杉等。

防治措施

1.加强抚育管理，及时清理衰弱木、风倒木和受害较重的树木。

2.饵木和信息素监测诱杀成虫。

3.使用噻虫啉、植物源类等药剂喷干防治成虫。

4.保护利用步行虫、寄生蜂、蒲螨和啄木鸟等天敌。

幼虫

幼虫及坑道

坑道

坑道

蛀干蛀果类害虫

坑道

坑道

为害状

为害状

| 芳香木蠹蛾东方亚种 | *Cossus cossus orientalis* Gaede | 木蠹蛾科 | Cossidae |

芳香木蠹蛾东方亚种属鳞翅目木蠹蛾科，是一种蛀干类害虫。

特点

1.初孵幼虫喜群集，蛀食枝干韧皮部，随后蛀入木质部，受害处常见大量白色或赤褐色粪屑；受害木树势衰弱，枝干易风折。

2.二年发生1代，第一年以幼虫在树干内越冬，第二年秋末以老熟幼虫离干入33~60 mm的土中结薄茧越冬。5月上旬成虫开始羽化，5月中旬至6月下旬为羽化盛期，成虫羽化后，蛹壳半露于地表，明显易见。

3.成虫体长22～41 mm，灰褐色，粗壮；老熟幼虫体长58～90 mm，胸腹部背面紫红色。

寄主

柳、杨、榆、丁香、桦、白蜡、稠李、槐、栎、槭、香椿、核桃、苹果、梨和沙棘等。

防治措施

1.人工捕杀离干入土化蛹的老熟幼虫。
2.使用诱虫杀虫灯或性信息素监测诱杀成虫。
3.使用斯氏线虫和白僵菌等蛀孔注射或插毒签防治幼虫。

幼虫

幼虫及为害状

虫粪及木屑

| 小线角木蠹蛾 | *Streltzoviella insularis* (Staudinger) | 木蠹蛾科 | Cossidae |

小线角木蠹蛾，又名小褐木蠹蛾、小木蠹蛾，属鳞翅目木蠹蛾科，幼虫可蛀食多种绿化造林树种。

特点

1.成虫羽化后的蛹壳常挂在羽化孔处，一半外露在羽化孔外，一半留在羽化孔内；幼虫粉红色或深红色；受害部位多发生在枝叉处，并常有蛀屑和虫粪堆集。

2.两年发生1代，以幼虫在枝干木质部内越冬；成虫期为5月下旬至9月中旬。

3.初孵幼虫顺树皮缝爬行，逐渐蛀入形成层、木质部浅层和木质部内为害。

4.发生严重时，枝干受害处横截面千疮百孔，易出现风折。

5.雌成虫体长18～28 mm，雄成虫体长14～25 mm；老熟幼虫体长30～38 mm。

寄主

白蜡、柳、国槐、银杏、悬铃木、香椿、玉兰、元宝枫、丁香、麻栎、苹果、海棠、山楂、榆叶梅、构树、冬青和卫矛等。

防治措施

1.及时清除受害严重的树木和枝条。

2.利用诱虫杀虫灯和性信息素诱芯监测诱杀成虫。

3.幼虫为害期（4～10月），向排粪孔内注射白僵菌、斯氏线虫液、芜青夜蛾线虫液或吡虫啉等天敌和药剂防治。

成虫

幼虫及为害状

4.卵和初孵幼虫期，利用烟碱•苦参碱等植物源类药剂喷雾防治。

幼虫、蛹及蛹壳

残留在羽化孔处的蛹壳

主干横截面受害状

枝条受害状

主干受害状

六星黑点豹蠹蛾属鳞翅目豹蠹蛾科，是一种钻蛀类枝干害虫。

特点

1.受害枝条呈"竹筒状"，先端枯萎，常有大量颗粒状木屑落地；幼虫可转枝为害，也可在原蛀道内掉头为害；羽化孔外常挂有蛹壳。

2.一年发生1代，以幼虫在枝干内越冬；4月上旬越冬代幼虫开始活动，5月中旬老熟幼虫开始化蛹，6月上旬成虫羽化、交尾和产卵，卵产在伤口、粗皮裂缝处，6月下旬幼虫开始孵化。

3.寄主不同，木屑颜色也有差异，黄杨为白色，紫叶小檗为黄色。

4.成虫体长30 mm，前胸背板有深蓝色斑点6个；前翅散生许多大小不等的深蓝色斑点；老熟幼虫体长20～35 mm，前胸背板前缘有子叶形黑斑1对。

成虫

寄主

白蜡、栎、榆、杨、苹果、梨、松、槭、麻栎、柳、枣、国槐、悬铃木、泡桐、

蛹

蛹壳

蛀干蛀果类害虫

月季、梅、石榴、海棠、紫叶小檗、女贞、大叶黄杨、紫藤和柿树等。

防治措施

1.及时剪除、销毁受害枝条。
2.利用诱虫杀虫灯监测诱杀成虫。
3.幼虫孵化钻蛀前，使用高渗苯氧威和除虫脲等喷雾防治。
4.释放蒲螨、招引啄木鸟等天敌防治。

枝条受害状

树冠受害状

为害状

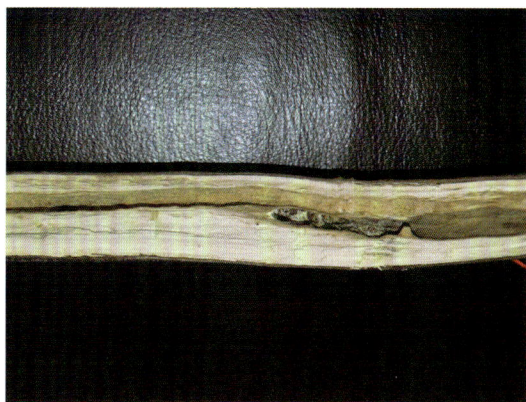
为害状

松梢螟	*Dioryctria rubella* Hampson	螟蛾科	Pyralidae

松梢螟，又名微红梢斑螟，属鳞翅目螟蛾科，以幼虫蛀梢为害为主。

特点

1.常造成受害枝梢枯黄、弯曲、下垂、死亡。

2.一年发生2代，以幼虫在受害球果、枯梢和枝干伤口皮下越冬；卵多散产于松梢针叶基部；老熟幼虫在蛀道内化蛹。

3.幼虫以为害直径0.8～1 cm的嫩枝梢为主；首先从蛀孔向枝梢顶端蛀食，到达顶端后一部分向下蛀食，另一部分从受害枝梢爬出转移到其他枝梢上为害。

成虫

幼虫

蛹

幼虫及蛀道

球果受害状

4.蛀孔口常有大量蛀屑和虫粪堆积。

5.成虫体长10～16 mm，老熟幼虫体长约25 mm。

寄主

油松、华山松、雪松、白皮松和云杉等。

防治措施

1.及时剪除受害枝梢和球果。

2.利用诱虫杀虫灯、性信息素诱芯等监测诱杀成虫。

3.初孵幼虫期和转梢为害期，释放蒲螨、长距茧蜂等天敌。

皮暗斑螟	*Euzophera batangensis* Caradja	螟蛾科	Pyralidae

皮暗斑螟，枣农俗称为"甲口虫"，又名巴塘暗斑螟，属鳞翅目螟蛾科，是一种枝干害虫。

特点

1. 以幼虫为害枣树。借助于自然或人为伤口侵入树皮，在木质部和韧皮部之间蛀食，蛀食部位呈不规则的片状或弯曲的隧道状，蛀食口常伴有一堆堆黑褐色的碎末状粪便。河北沧州地区枣树在每年的6月都要进行开甲，制造了大量的人为伤口，开甲后至愈合这一段时间正值该虫的繁殖盛期，为其为害提供了周期性的场所，这也是该虫在该地区大面积发生为害的主要原因。

2. 该虫在河北沧州小枣区每年发生4～5代，以第4代、第5代幼虫在为害处附近越冬。翌年3月底至4月初开始活动。4月底至5月初羽化，5月上旬可陆续发现第1代卵和幼虫。6～9月，为该虫第2代和第3代幼虫为害枣树最为严重时期，第4代幼虫9月下旬之前结茧的，可继续化蛹，羽化交尾产卵繁殖第5代，9月下旬之后结茧的，不化蛹以老熟幼虫直接越冬。

3. 成虫体长7 mm左右。前翅灰褐色，中横线灰白色，外横线灰白色，两横线之间色略深。近前缘处有一淡色区域，中间具一不甚清晰的小黑点。

成虫

成虫

寄主

金丝枣、梨、杉木、柑橘、枇杷和木麻黄等。

防治措施

1.枣树越冬休眠期间，人工刮剥树皮和沿其蛀食部位排出的粪便挖除其越冬老熟幼虫和蛹集中烧毁。

2.使用诱虫杀虫灯诱杀成虫。

3.枣树开甲3～5天内开始涂抹灭幼脲3号100～200倍液，涂药量以涂湿甲口为宜，每7天1次，涂抹4次。

| 楸蠹野螟 | *Sinomphisa plagialis* (Wileman) | 草螟科 | Crambidae |

楸蠹野螟，又名楸螟，属鳞翅目草螟科，是一种蛀干类害虫。

特点

1.以幼虫钻入嫩枝蛀食髓部，受害部位常呈瘤状突起，易造成枯枝和风折，致使幼树难以形成主梢，影响林木的正常生长。

2.成虫体长约15 mm，翅展约36 mm，灰白色，头、胸和腹各节边缘处略带褐色。翅白色，前翅近外缘处有黑波纹2条，翅中央近内侧有一方形的赭色斑，翅基部有褐色齿状短横线2条。后翅有黑横线3条。老熟幼虫体长约22 mm，灰白色，前胸背板赭红色，分2块。每体节有6个毛瘤，瘤上有刚毛。

3.一年发生2代，以老熟幼虫在枝梢内越冬。化蛹前在虫道上咬一圆形羽化孔并吐丝封闭。成虫有趋光性，白天在叶背潜伏，夜间活动。卵产于嫩枝顶端、叶芽和叶柄间。幼虫孵化后从叶柄处蛀入新梢，外侧形成长圆形虫瘿，蛀孔外常黏有粪屑。

成虫

寄主

楸、梓、黄金树。

防治措施

1.冬季修剪，修除和烧毁虫瘿。
2.加强检疫，严禁带虫瘿的苗木引进和调出。
3.使用诱虫杀虫灯监测诱杀成虫。
4.幼虫初始蛀入期，喷洒吡虫啉防治。

苹果蠹蛾	*Cydia pomonella* Linnaeus	卷蛾科	Tortricidae

苹果蠹蛾属鳞翅目卷蛾科，是一种毁灭性蛀果害虫。

特点

1.成虫体长8 mm，前翅臀角具有明显的椭圆形深褐色斑；老熟幼虫体长14～18 mm。
2.新疆一年发生1～3代，以2代为主，世代重叠明显；以老熟幼虫在树皮裂缝内、翘皮下、树洞以及主枝分杈处结茧越冬。
3.幼虫以蛀食仁果类果树果实为害为主，常造成大量果实未熟先落，严重影响果品产量。

4.幼虫多从果实萼洼处、果实胴部以及两果相连处蛀食侵入，并有转果为害习性；幼虫侵入果实后直达果心，取食种仁；蛀孔外常有褐色虫粪连缀成串。

5.主要随果品、果制品、植株、包装物、填充物及运输工具远距离传播，通过成虫飞翔近距离扩散蔓延。

寄主

苹果、梨、桃、山楂、核桃、海棠、杏、石榴、板栗属、花楸属和榕属等。

防治措施

1.严格检疫，防止苹果蠹蛾随寄主植物及其产品传入和扩散蔓延。

成虫

低龄幼虫与蛀道

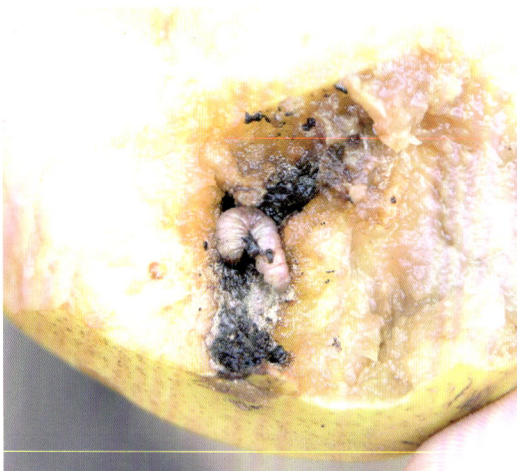

老熟幼虫及受害状

幼虫蛀道

2.及时摘除虫果，收集地面落果，集中深埋处理；果树休眠期及发芽前，刮除果树主干和主枝上的老翘树皮，集中销毁。

3.成虫产卵前果实套袋预防。

4.老熟幼虫化蛹前，树干围绑草环诱集幼虫，并在成虫羽化前，解下草把集中处理。

5.使用性信息素诱芯和诱虫杀虫灯监测诱杀成虫。

6.果树休眠期及发芽前，应用3～5°Bé石硫合剂喷干；卵孵化初期至蛀果前，使用高渗苯氧威、杀铃脲和除虫脲等喷雾防治。

幼虫侵入孔

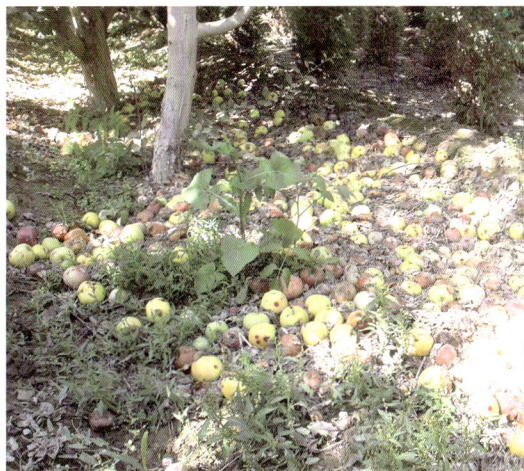
落地受害果实

白杨透翅蛾	*Parathrene tabaniformis* Rottenberg	透翅蛾科	Sesiidae

白杨透翅蛾属鳞翅目透翅蛾科，是一种钻蛀类枝干害虫。

特点

1.幼虫主要为害苗木、幼树枝干、侧枝和顶梢，枝干受害处形成瘤状虫瘿，易枯萎、风折；毛白杨、银白杨受害较重。

2.一年发生1代，少数2代，以幼虫在枝干内结茧越冬；4月初取食为害，5月上旬成虫开始羽化，6月中旬至7月上旬为羽化盛期；第2代成虫9月下旬至10月初羽化。

3.成虫体长11～20 mm，形似胡蜂，头和胸部之间有橙黄色带，头顶有米黄色鳞片；前翅中部、后缘及后翅透明；初龄幼虫淡红色，老熟时黄白色，老熟幼虫体长30～33 mm；幼虫胸足3对，腹足、臀足退化，仅留趾钩，腹末端硬化具暗褐色棘2个。

4.初孵幼虫从叶腋、叶柄基部、顶芽、伤口、旧羽化孔、树皮裂缝等处蛀入，通常不再转移；蛹壳在枝干受害处外露；成虫飞翔力强。

寄主

杨和柳。

防治措施

1.选择抗性树种，营造混交林。
2.严格检疫，防止带虫苗木和枝条进入绿化造林地；发现虫瘿及时剪除。
3.利用性信息素诱芯监测诱杀成虫。

成虫

幼虫及蛀道

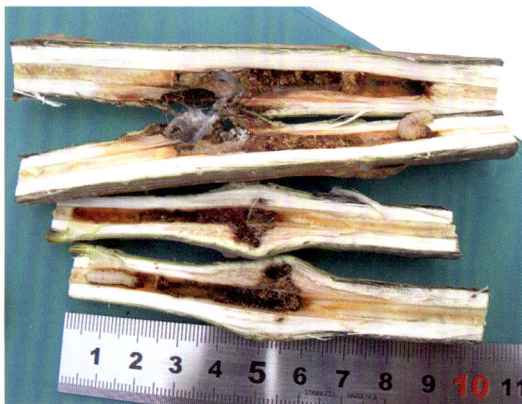

为害状

为害状

为害状

为害状

| 核桃举肢蛾 | *Atrijuglans hetaohei* Yang | 举肢蛾科 | Heliodinidae |

核桃举肢蛾，俗称"核桃黑"，属鳞翅目举肢蛾科，是一种蛀果类害虫。

特点

1.幼虫蛀入核桃果实髓心，造成落果；或蛀食青皮，受害果逐渐变黑凹陷，一部分受害果实脱落，一部分变黑干缩在枝条上；成虫后足粗壮，静止时，胫节、跗节向侧后方上举。

2.海拔500 m以上地区，一年发生1代；海拔低于500 m以下的浅山区，一年可发生2代，以老熟幼虫结茧在树冠下的土表或土壤浅层越冬。一年2代地区，5月中旬出

成虫

幼虫、蛹、茧

茧

核桃受害状

现越冬代成虫，6月上中旬为卵孵化盛期，5月下旬至6月下旬早期受害果实脱落，7月中旬较晚受害果实变黑，7月中下旬第1代成虫羽化。

3.成虫体长4～8 mm，体黑褐色，前翅端部1/3处有一月牙形白斑直达后缘，后翅披针形；老熟幼虫体长8～10 mm，头部黄褐色，胴部浅黄白色；茧椭圆形，褐色，常黏附草末及细土粒。

寄主

核桃和核桃楸等。

防治措施

1.秋季或早春，翻树盘，破坏越冬场所。

2.使用辛硫磷等药剂地面喷雾并与表土混合，防治越冬幼虫。

3.树冠下覆膜阻止成虫出土。

4.及时清除落果，摘除树上黑核桃，集中消毁。

5.使用诱虫杀虫灯监测诱杀成虫。

6.5月下旬、6月下旬和7月上旬，分别使用甲维盐等药剂喷雾防治。

| 东方蝼蛄 | *Gryllotalpa orientalis* Burmeister | 蝼蛄科 | Gryllotalpidae |

东方蝼蛄，又名非洲蝼蛄、小蝼蛄，属直翅目蝼蛄科，是一种食根、食茎害虫。

特点

1.成虫有较强的趋光性；喜食有香味、甜味的腐烂有机质以及马粪等，喜湿润土壤；盐碱地虫口密度较大，壤土次之，黏土地少。

2.一年发生1代，以成虫、若虫在60～120 cm土壤中越冬；4月上旬，越冬成虫、若虫开始活动，5月进入为害盛期，昼伏夜出，咬食植物根部为害。

3.成虫体长32 mm，前胸背板卵圆形，中间有凹陷明显的暗红色"心"形斑；前翅超过腹部末端；前足扁宽发达，为开掘足，后足胫节背面内侧有可动的棘3～4个。

4.松、杉播种苗受害较重。

寄主

杨、柳、松、柏、杉、榆、海棠、悬铃木和樱花等。

防治措施

1.施用充分腐熟的有机肥，以减少该虫孳生。

2.利用诱虫杀虫灯、毒饵等诱杀成虫。

3.使用绿僵菌、白僵菌等杀灭地下幼虫。

4.保护利用喜鹊、红脚隼等天敌鸟类。

成虫

成虫

苹毛丽金龟	*Proagopertha lucidula* (Faldermann)	丽金龟科	Rutelidae

苹毛丽金龟，又名苹毛金龟子，属鞘翅目丽金龟科，是一种幼虫为害嫩根、成虫食叶害虫。

特点

1.成虫具有假死性、群集为害和随物候变化转移为害的习性，喜食花、嫩叶和嫩果，常造成受害花果残缺不全，受害叶片出现缺刻；幼虫喜食腐殖质，也可为害嫩根。

2.一年发生1代，以成虫在土壤中越冬。4月中旬越冬成虫出土，5月上旬入土产卵，5月下旬进入幼虫期，8月老熟幼虫潜入较深土层筑土室化蛹，晚秋羽化为成虫并越冬。

3.成虫体长8～12.5 mm，长卵圆形，茶褐色，有光泽；除鞘翅外，体被淡褐色绒毛，胸腹面毛长而密，腹两侧有黄白色毛丛。

4.苹果花盛开时，常集中到苹果上为害；成虫对苗木为害较大。

寄主

柳、榆、杨、海棠、苹果、梨、桃、丁香、樱花、芍药、牡丹等。

防治措施

1.施肥时使用充分腐熟的有机肥。

2.利用糖醋液监测诱杀成虫；早、晚可振落捕杀成虫。

3.使用高渗苯氧威等药剂喷雾防治成虫。

4.使用白僵菌、绿僵菌等药剂防治地下幼虫。

成虫

铜绿丽金龟	*Anomala corpulenta* Motschulsky	丽金龟科	Rutelidae

铜绿丽金龟，又名铜绿金龟子、铜绿异丽金龟，属鞘翅目丽金龟科，成虫食叶、食芽，幼虫蛀根为害。

成虫

特点

1.成虫食性杂，群集为害，常造成芽、叶片呈不规则缺刻或孔洞，为害严重时，受害植株仅留叶柄或粗脉；幼虫主要为害植物根系，影响幼苗、幼树成活和正常生长；小树幼林受害严重。

2.一年发生1代，以幼虫在土壤中越冬；6月下旬至7月上旬为成虫羽化盛期；成虫羽化出土与降雨量有密切关系，雨量充沛，出土则早；成虫白天隐伏于灌木丛、草皮或表土内，黄昏时分出土活动；降温和降雨天气成虫很少活动，闷热无雨的夜晚活动旺盛。

3.成虫有假死性和强烈的趋光性；成虫多在树冠下5～6 cm的土壤中或附近农作物根系附近土壤中产卵。

4.幼虫为害根茎处断口整齐。

5.成虫体长20 mm，老熟幼虫体长40 mm。

寄主

杨、柳、榆、栎、板栗、核桃、柏、苹果、沙果、海棠、葡萄、丁香、梨、桃、杏、樱桃和草坪草等。

防治措施

1.加强栽培养护管理，施肥时使用充分腐熟的有机肥，春季翻耕土壤，降低蛴螬数量。

2.人工捕杀成虫；使用诱虫杀虫灯、糖醋液等监测诱杀成虫。

3.利用喜食杨、柳、榆类植物的习性，无风傍晚，用喜食树种枝叶蘸烟碱•苦参碱，每隔10～15 m插放一束引诱毒杀成虫，保护目标树种。

4.成虫发生期，使用烟碱•苦参碱等喷雾防治。

5.使用绿僵菌、白僵菌等杀灭地下幼虫。

<table>
<tr><td>小青花金龟</td><td>*Oxycetonia jucunda* Faldermann</td><td>花金龟科</td><td>Cetoniidae</td></tr>
</table>

地下类害虫

小青花金龟，又名银点花金龟、小青花潜，属鞘翅目花金龟科，是一种蛀根类害虫。

特点

1.成虫具有群集为害和追花为害的习性，白天取食花蕾、花瓣和花蕊，也取食嫩芽和嫩叶，夜晚隐伏于花朵或土壤里；幼虫孵化后以腐殖质为食，长大后在土中取食嫩苗和幼根。

2.一年发生1代，以成虫或幼虫在土中越冬。成虫为害期较长，4月中旬至6月下旬成虫发生数量较大，8月下旬越冬代成虫发生期结束。

3.成虫体长12～17 mm，宽7～8 mm，深绿色、墨绿色或黑褐色，体色和斑纹在不同地区、不同植物上变异较大；前翅有黄色、白色或铜锈色横斑。

寄主

榆、杨、柳、栎、苹果、杏、桃、山楂、板栗、丁香、梨、海棠、锦葵、葡萄、菊花、萱草、秋葵、月季、美人蕉和玫瑰等。

成虫

成虫

防治措施

1.施肥时使用充分腐熟的有机肥。

2.人工捕杀或灯光诱杀成虫。

3.使用绿僵菌、白僵菌和Bt等药剂防治地下幼虫。

4.使用植物源类药剂防治成虫。

白星花金龟	*Potosia (Liocola) brevitarsis* (Lewis)	花金龟科	Cetoniidae

白星花金龟，又名白星金龟子、白星花潜、白星滑花金龟、纹铜花金龟，属鞘翅目花金龟科，成虫取食花、果，幼虫取食苗木、杂草根部。

特点

1.成虫白天活动，取食植物花、果、嫩芽、嫩叶为害，喜食成熟果实；成虫有假死性，寿命50天；卵单粒散产于土壤、堆肥、草垛或陈旧秸秆堆等处。

2.一年发生1代，以幼虫多在土壤和腐殖质中越冬。5月出现成虫，6～7月为成虫为害盛期。

3.成虫体长18～24 mm，暗铜绿色，具紫色光泽，前胸、鞘翅及腹部两侧均有白色斑点；幼虫体长30～40 mm。

寄主

月季、木槿、海棠、苹果、梨、桃、杨、榆、柳、柏、栎、李、杏、樱桃、女

成虫

成虫及为害状

贞、鸡冠花、樱花、碧桃、苦楝和葡萄等。

防治措施

1.人工捕杀成虫。
2.使用糖醋液等监测诱杀成虫。
3.翻倒粪堆，放鸡啄食幼虫及蛹。

| 华北大黑鳃金龟 | *Holotrichia oblita* (Faldermann) | 鳃金龟科 | Melolonthidae |

华北大黑鳃金龟，又名朝鲜黑金龟、华北大黑金龟，属鞘翅目鳃金龟科，是一种蛀根类害虫。

特点

1.以幼虫蛀食为害根系为主，成虫补充营养可取食植物叶片；成虫发生数量有大小年之分；5～6月，越冬代幼虫食量大，为害严重，常造成大量苗木死亡。

成虫

2.两年发生1代，以成虫及幼虫在土中越冬。4月下旬至8月下旬成虫期，5月中下旬至6月上旬成虫盛期，7月中下旬幼虫孵化盛期。

3.成虫体长16～21 mm，宽8～11 mm，黑褐或黑色，有光泽；成虫有趋光性。

寄主

杨、柳、榆、桑、国槐、栎、油松、核桃、苹果、漆树和女贞等。

防治措施

1.施肥时使用充分腐熟的有机肥。
2.使用诱虫杀虫灯、糖醋液等监测诱杀成虫。
3.使用绿僵菌、白僵菌等防治地下幼虫。
4.严重发生的苗圃，可使用药剂拌土防治。

| 大云鳃金龟 | *Polyphylla laticollis* Lewis | 鳃金龟科 | Mololonthidae |

大云鳃金龟，又名大云斑鳃金龟、云斑金龟子，属鞘翅目鳃金龟科，是一种蛀根类害虫。

特点

1.幼虫蛀食为害根系，特别是须根；成虫啃食幼芽和嫩叶，喜欢在砂壤、沿河沙地、林间空地产卵，卵产于土内深10～30 cm处，是成虫发生期较晚的金龟类害虫，雄成虫趋光性强。

2.四年发生1代，当年以1龄幼虫越冬，第二年以2龄幼虫越冬，第三年以3龄幼虫越冬，第四年5月下旬化蛹，7～8月为成虫发生期，7月中旬出现第一代幼虫。

3.成虫体长31～38.5 mm，棕色，全身覆盖有白色短毛组成的云斑；雄虫触角鳃叶部明显宽大，呈波状弯曲；成虫白天静伏不动，夜间取食求偶。

成虫

成虫鳃状触角

成虫

寄主

松、杉、杨、柳、榆、国槐、桃、李、杏和苹果等。

防治措施

1.秋季或春季深翻土壤，杀灭越冬幼虫；避免使用未充分腐熟的有机肥。
2.诱虫杀虫灯监测诱杀或人工捕杀成虫。
3.使用绿僵菌、白僵菌或其混合液防治幼虫。

东方绢金龟	*Serica orientalis* Motschulsky	鳃金龟科	Melolonthidae

东方绢金龟，又名黑绒金龟、黑绒鳃金龟、东方金龟，属鞘翅目鳃金龟科，以成虫、幼虫取食嫩叶、嫩芽和嫩根为害为主。

特点

1.成虫具有假死性、趋光性，飞翔能力强；成虫有雨后集中出土的习性。
2.一年发生1代，以成虫在土壤中越冬；4月中旬越冬成虫出土，4月下旬至6月上旬为成虫盛发期；8月中下旬成虫羽化，个别出土取食，大部分在土中越冬。
3.成虫体长7～10 mm，前窄后宽，体被灰黑色短绒毛，有光泽；前胸背板宽是长的2倍，密布细小刻点，鞘翅上各有浅纵沟纹9条；老龄幼虫体长16 mm。
4.雌成虫产卵量与其取食的寄主种类有关，以榆树叶为食的产卵量大；幼虫以腐殖质和少量嫩根为食，成虫对苗木为害较大。

寄主

杨、柳、榆、桑、国槐、刺槐、落叶松、云杉、柠条和栎等。

防治措施

1.施肥时施肥时使用充分腐熟的有机肥。
2.利用黑光灯或糖醋液监测诱杀成虫；人工振落捕杀成虫。
3.成虫发生期，使用高渗苯氧威等喷雾防治。
4.使用绿僵菌、白僵菌等杀灭地下幼虫。

成虫

月季白粉病 · *Podosphaero pannosa* (Wallr.) de Bary

月季白粉病，病原为毡毛单囊壳菌，是一种真菌性病害。

特点

1.在叶面、嫩梢、花蕾和花梗等受害部位出现白粉，常引起病叶卷曲、枯焦、嫩梢枯死和开花受阻。

2.5月中下旬病菌开始侵染发病，6～7月和9～10月发病重；气温20 ℃左右，空气湿度较高时，有利于病菌孢子萌发侵染。

3.施氮肥过多、土壤缺钙和缺钾、植株生长势弱、栽植密度过大、通风透光差等易发病或发病较重。

寄主

月季、蔷薇、芍药、黄刺玫和玫瑰等。

防治措施

1.加强肥水管理，增强树势；合理整形修剪，及时清理病叶、病梢和病蕾。

2.早春树木发芽前，使用3～5°Bé石硫合剂喷雾防治；树木生长季节，使用代森锰锌、粉锈宁、百菌清和多菌灵等药剂喷雾防治。

月季受害状

盆栽月季受害状

嫩梢受害状

叶片受害状

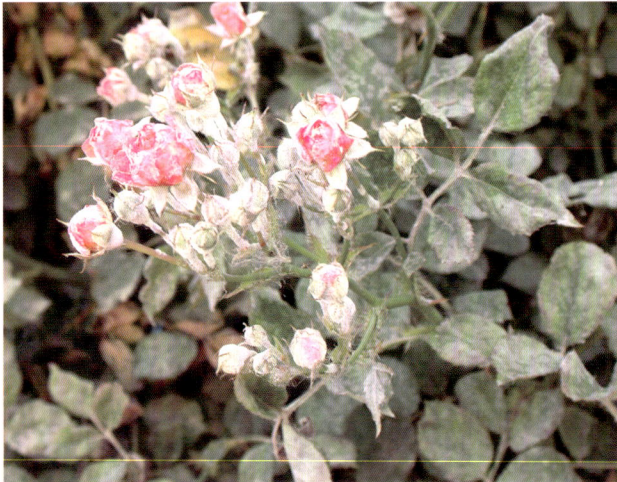

花苞受害状

大叶黄杨白粉病　*Erysiphe euonymi-japonici* U. Braun & Takam.

大叶黄杨白粉病是一种真菌性病害。

特点

1.发病初期，叶片上散生白色圆斑，后逐渐扩大成不规则形，且表面布满白色粉层。

2.病菌多在病叶上越冬，主要侵染叶片，也可为害新梢、茎；病菌可多次侵染叶片和新梢；幼苗到成株均可发病。

3.高湿、多雨、秋季低温、低洼、背阴面、植株过密、嫩叶、新梢、植株下部等发病较重；叶片背面比正面发病重。

寄主

大叶黄杨。

防治措施

1.加强栽培管理，合理施肥，增强树势；结合修剪，剪除病枝病叶。

2.早春使用3°～5°Bé石硫合剂喷雾防治；展叶和生长期，特别是4～5月和9～10月发病初期，使用粉锈宁、甲基托布津、苯来特或退菌特等喷雾防治。

叶片受害状

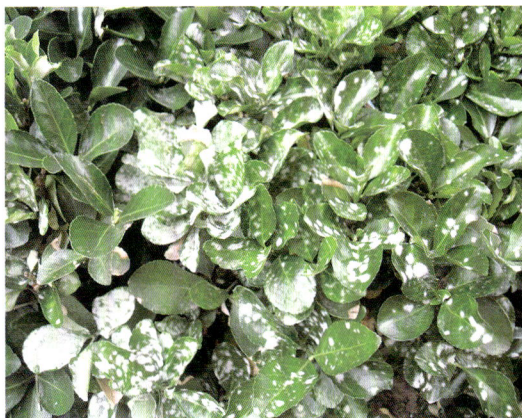

叶片受害状

病
害

黄栌白粉病

漆树钩丝壳菌 *Erysiphe verniciferae* (P. Henn.) U. Braun & Takam.

黄栌白粉病，病原为漆树钩丝壳菌，是一种叶部真菌性病害。

特点

1.发病初期，叶片出现白色粉点，后扩大成近圆形病斑，表面有白色粉状物，严重发生时病斑相连成片，叶片正面布满“白粉”，逐渐褪绿、干枯或提前脱落。

2.病原在病落叶和病枝上越冬；6月下旬至7月上旬发病，8～9月为发病盛期。

3.发病初期，在白粉层中常出现黄色颗粒状物，后期变为黑褐色。

4.该病由下向上发展蔓延；纯林、树势弱、植株过密、分蘖多的植株、山沟、阴坡、雨水多、湿度大、通风不良等发病较重；7，8月降雨越多，发病越重。

寄主

黄栌。

防治措施

1.秋季清除落叶，剪除病枯枝，地面喷洒杀菌剂；增强树势，提高黄栌的抗病性；清除近地面和根际周围的分蘖小枝。

2.黄栌发芽前，树冠喷洒3°Bé石硫合剂；4月中旬地面撒硫磺粉；发病初期，使用粉锈宁、甲基托布津、硫悬浮剂等药剂喷雾防治。

为害状

为害状

为害状

毛白杨锈病　马格栅锈菌 *Melampsora magnusiana* G.Wagner

毛白杨锈病，病原为马格栅锈菌，是一种真菌性病害。

特点

1.杨树发病典型症状为春季受侵冬芽不能正常展开，形成满覆夏孢子的黄色绣球状畸形叶。严重受侵的病芽3周左右便干枯。叶展开后易感病，背面散生黄色夏孢子堆，嫩叶皱缩、畸形，甚至枯死。

2.病菌以菌丝体在冬芽和枝梢的溃疡斑内越冬。春季，越冬菌丝随冬芽活动逐渐发育形成夏孢子堆，作为田间初侵染的来源。在自然条件下形成数量有限的冬孢子的作用不大。病芽主要出现在枝条上部，5～6月和8月下旬以后为2个发病高峰。

3.毛白杨锈病的发生和流行与湿度、温度有关。夏孢子的最低萌发温度为7 ℃，最高萌发温度30 ℃，最适萌发温度为15～20 ℃。在适温时期，降雨越多，湿度越大，发病越重。

4.毛白杨锈病多发生在1～5年幼苗和幼树上，10年生以上植株基本上无

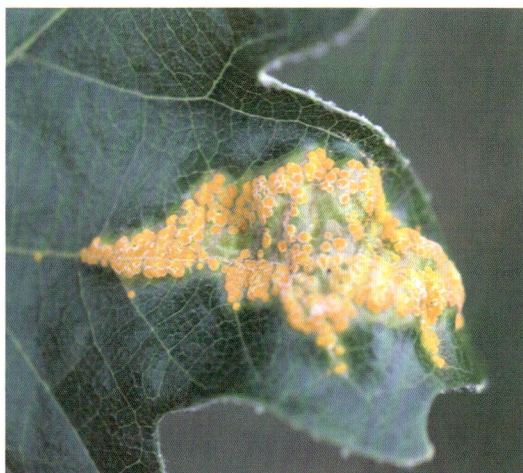
叶片正面危害状

病。白杨派树种普遍感病，但树种间的抗病性有明显差异，毛白杨和新疆杨发病重。

寄主

毛白杨、新疆杨、河北杨、山杨、银白杨等白杨派树种。

防治措施

1.消灭初侵染源。在初春病芽出现时期，摘除病芽装入塑料袋，避免夏孢子扬散，并喷洒粉锈宁。

2.选育抗病、速生优良品种，避免大面积营造毛白杨纯林。

3.加强苗木及幼树管理。

4.在发病期间喷洒代森铵，或退菌特防治。

叶片背面为害状

叶片背面为害状

苹桧锈病   山田胶锈菌*Gymnosporangium yamadae* Miyabe ex Yamada

苹桧锈病，病原为山田胶锈菌，又名赤星病、羊胡子，是一种典型的转主寄生性病害。

特点

1.春季，柏树上的越冬病菌随风传播到苹果树枝叶上侵染为害；秋季，苹果树上的病菌再随风转移到柏树枝条上越冬。

2.病菌可侵染苹果树的叶、果和嫩枝；病菌侵染初期，在叶片正面形成约1 mm黄绿色斑点，后逐渐扩大成约1 cm的橙黄色圆形斑，随后在叶片背面相应位置出现黄白色隆起，并形成红黄色"毛状物"；叶柄受害后在受害处形成橙黄色纺锤形病斑；嫩枝受害后，病部凹陷、龟裂易断；严重发生时可为害幼果，症状与叶片相似，受害部位畸形。

3.病菌侵入柏树后，在针叶、叶腋或小枝上出现黄色斑点，4月逐渐形成褐色角状突起，雨后膨胀，形成黄褐色鸡冠状孢子角，似柏树"开花"；受害小枝肿大形成球形或半球形瘿瘤。

4.苹果树周边1.5～5 km内，桧柏多，则发病重；早春多雨、多风，温度17～20 ℃时，有利于该病的发生；苹果树开花展叶期，降雨量15 mm以上，持续时间在2天以上，锈病发病率偏高；苹果树叶龄在17天以内的嫩叶较易受到侵染。

桧柏上的鸡冠状孢子角

桧柏上的瘿瘤与冬孢子角

海棠叶片正面受害状

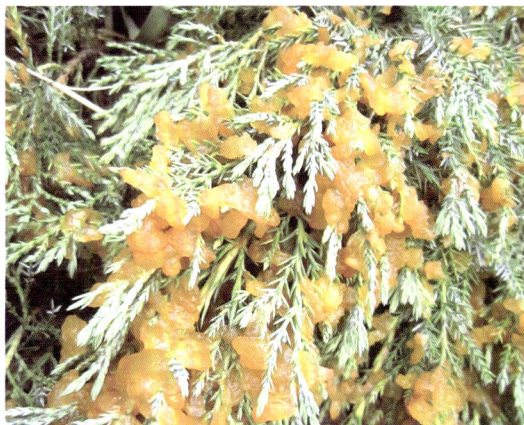

柏树受害状

寄主

桧柏、龙柏、苹果和山楂等。

防治措施

1.避免仁果类果树与柏科树木近距离栽植。

2.冬季剪除柏树上的瘿瘤。

3.春季第一场透雨后，孢子萌发扩散前在柏树上连喷2次1～3°Bé石硫合剂，在仁果类果树上粉锈宁等喷雾防治。

4.7～10月病菌转移到柏树时，使用波尔多液等喷雾防治。

柏树受害状　　　　　　　　　　　　　　苹果叶片受害状

青杨叶锈病	落叶松杨栅锈菌 *Melampsora larici-populina* Kleb.

青杨叶锈病，又名落叶松杨栅锈病，病原为落叶松杨栅锈菌，是一种真菌性病害。

特点

1.青杨叶锈病是杨树锈病中分布最广、寄主种类最多、造成损失最大的病害；是一种典型的转主寄生性病害，寄主为落叶松和杨树；病菌有重复侵染的特性；杨树发病典型症状为叶片背面产生点状或堆状黄色粉状物，后期叶片失绿、枯黄甚至脱落；落叶松发病典型症状为针叶上产生黄色小疱，内含黄色孢子粉，针叶局部变黄、逐渐干枯。

2.以病菌在杨树落叶上越冬。翌年春季病菌遇水萌发，借风力向落叶松针叶转主侵染，北京地区6月杨树开始发病，8～9月为发病高峰期。

3.多雨的年份，植株密度大，通风不良地区病害发生重；白杨派免疫，黑杨派较抗病，青杨派高度感病；北京杨发病较重。

寄主

青杨派、黑杨派及两派杂交杨，落叶松等。

防治措施

1.避免近距离栽植落叶松和寄主杨树。

2.清除杨树落叶，减少传染源。

3.杨树发病初期，使用三唑类等药剂喷雾防治。

为害状

为害状

杨树黑叶病 *Colletotrichum gloeosporioides* (Penz.) Penz. & Sacc

杨树黑叶病，病原为胶孢炭疽病菌，又称杨树炭疽病，是一种真菌性叶部病害。

特点

1.受害叶片发黑，悬而不落；发病初期，叶柄上有明显的黑褐色病斑；雨季为发病高峰。

2.病害多发生在叶柄基部，病部先出现黑褐色病斑，病斑扩展包围整段叶柄时，叶片逐渐变褐枯死；嫩枝上的病斑为溃疡斑。

3.病菌借风、雨传播；苗木或幼林密度大时，易发生病害。

4.不同杨树品种抗性差异较大，北京杨、毛白杨等受害较重。

寄主

北京杨、小叶杨、毛白杨、加杨、杉木、泡桐、银杏、板栗、木兰、木槿、苹果和梨等。

防治措施

1.越冬病菌活动初期，使用代森锰锌、1∶0.4∶100（硫酸铜∶生石灰∶水）波尔多液等药剂喷雾防治。

2.休眠期，剪除树冠下部病枝病叶，减少病源。

叶柄受害状

叶片及叶柄受害状

杨树受害状

| 杨树受害状 | 杨树林受害状 |

菊花褐斑病　　*Septoria chrysanthemella* Sacc

菊花褐斑病，又名黑斑病、斑枯病、叶枯病，是菊花上的一种严重病害。全国各地均有发生，是一种真菌性病害。

特点

1.感染初期在叶片上出现圆形、椭圆形或不规则形大小不一的紫褐色病斑，后期变成黑褐色或黑色，直径2～10 mm。病健分明，后期病斑中心变浅，呈灰白色，出现细小黑点。病斑多时可相互连接，叶色变黄，进而焦枯。当病叶上有5～6个病斑时，叶片变皱缩，进而叶片由下而上层层变黑，严重是仅留上部2～3张叶片，发黑干枯的病叶悬挂于茎秆上，干枯后一般不能自行脱落。受害植株大量叶片枯焦，影响了开花的效果。

2.病原菌以菌丝体和分生孢子器在病株或土壤中的残体上越冬，第二年4～5月气温逐渐上升时，病菌开始产生大量的分生孢子，借风雨、灌溉水、工具等传播，环境条件适宜，反复进行再侵染，直到11月病害才停止。

3.以9～10月发病最重，温湿度是病害发生发展的主要条件，雨水多而空气湿度大时有利于病害的扩展。病原菌发育的最适温度为24～28 ℃，侵入植株后20～30天开始发病。

寄主

菊花、野菊，除虫菊，甘菊等多种菊科植物

防治措施

1.发病前可喷洒波尔多液防治，发病期间，使用代森锌、甲基托布津喷洒，每隔7～10天喷1次，连喷3～4次，或使用百菌清、多菌灵混合胶悬剂喷洒。

2.小面积种植时，人工摘除病叶。

3.改善种植环境。发病严重的地区实行轮作；栽植密度不要过密，以利通风透光；及时排除积水，盆栽菊花及时更换土壤。

为害状

为害状

柿子角斑病　柿尾孢菌 *Cercospora kaki* Ell. *et* Ev.

柿子角斑病，又名柿角斑病，病原为柿尾孢菌，是一种真菌性病害。

特点

1.主要为害叶片和果蒂；发病严重时，提前落叶、落果；落叶后柿果变软脱落，而柿蒂残留在树上。

2.柿蒂染病多发生在蒂周边，褐色或深褐色，由蒂的尖端向内扩展；发病初期在叶片正面出现黄绿色至浅褐色不规则病斑，扩展后颜色加深，边缘由不明显至明显，后形成边缘黑色的2～8 mm深褐色多角形病斑。

3.病菌在病叶和病蒂上越冬。病菌在蒂上可存活2～3年，分生孢子借风雨传播，由叶背气孔侵入；7～8月降雨多时，发病严重。

寄主

柿树、君迁子（黑枣）。

防治措施

1.柿树发芽前清除树上残留的病柿蒂，及时销毁。

2.6月中旬至7月上旬、7月下旬至8月中旬，使用春雷霉素、甲基硫菌灵、代森锰锌和波尔多液等药剂喷雾防治。

黑枣受害状

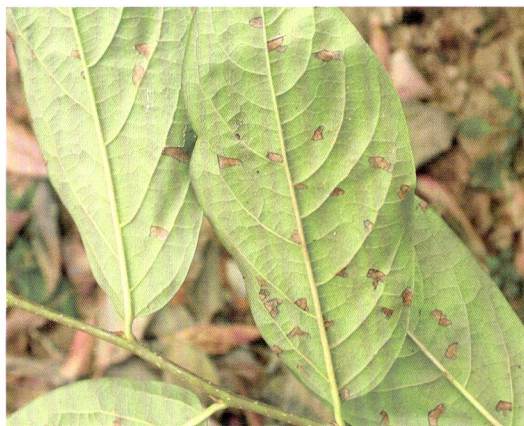

叶片受害状背面

| 柿子圆斑病 | *Mycosphaerella nawae* Hiura *et* Ikata |

柿子圆斑病，也叫柿圆斑病，是一种真菌性病害。

特点

1.病菌主要为害叶片，也可为害柿蒂，常造成早期落叶，柿果提早变红脱落。

2.病菌在染病的落叶上越冬。翌年6月中下旬至7月上旬，病原借风传播，从气孔侵入，潜伏2～3个月；8月下旬至9月上旬出现症状，9月下旬进入发病盛期，病斑迅速增多；10月上中旬出现落叶和落果。

3.叶片初生病斑圆形，浅褐色，边缘不明显，后病斑转为深褐色，边缘黑色，病叶在变红的过程中，病斑周围出现黄绿色晕环，病斑直径1～7 mm，多为2～3 mm；后期病斑上出现黑色小粒点，病叶、柿果变红，并提前脱落。

4.上年病叶多，6～8月降雨量多，该病易流行；土壤瘠薄、水肥管理差，树势弱，发病重。

寄主

柿树和黑枣等。

防治措施

1.加强栽培管理，提高树势。

2.秋末冬初，清除柿园内的落叶。

3.柿树落花后至病菌扬飞前，使用波尔多液、代森锰锌和多菌灵等药剂喷雾防治；严重发生时，隔15天再补喷药剂1次。

为害状

为害状

杨树黑斑病 | 杨褐盘二孢菌*Marssonina brunnea* (Ell.et Ev.) Sacc.

杨树黑斑病，病原为杨褐盘二孢菌，又名杨树褐斑病，是一种真菌性叶部病害。

特点

1.发病初期，病斑较小，约1 mm，黑色或褐色，中央有白色小突起1个；严重发生时，叶片变黑，常造成大量受害叶片提前脱落。

2.病菌在落叶、幼茎和小枝上越冬；6～7月为发病盛期，毛白杨展叶即可发病；9月病菌再次侵染，并形成第二次发病高峰。

3.加杨、沙兰杨、北京杨等高度感病。

4.高温、高湿、多雨、光照不足、栽植密度过大、通气不良等有利于该病发生。

寄主

杨。

防治措施

1.选择抗性树种，营造混交林；合理密植，改善通风透光条件；增强树势，及时清除病株病枝。

2.发病初期，可选用百菌清、氟硅唑、代森锰锌、多菌灵、甲基托布津和多抗霉素等药剂喷雾防治。

叶片受害状

叶片受害状

草坪草褐斑病　　*Thanatephorus cucumeris* (Frank) Donk

草坪草褐斑病，又称立枯丝核疫病，病原为瓜亡革菌，又名大褐斑病、夏枯病，是多种草坪草的重要病害。

特点

1.感病草坪上出现不规则或近圆形（直径可达1 m）的褐色枯草斑块；斑块中央的病株较边缘病株恢复快，致使枯草斑呈环状或"蛙眼状"；空气湿度较大的早晨，枯草斑外缘出现宽1～5 cm的"烟圈"。

2.该病害主要发生在高温、高湿的7～8月；病菌的最适侵染、发病温度为

$21\sim32℃$。

3.冷季型草和暖季型草均可发病。

寄主

草地早熟禾、粗茎早熟禾、紫羊毛、细叶羊茅、高羊茅、多年生黑麦草、野牛草和结缕草等。

防治措施

1.通过修剪、施肥、疏草、水分管理、打孔透气等栽培管理措施，改善草坪环境，提高草坪抗病性。

2.4月下旬至5月上旬，应用百菌清、甲基托布津等灌根或泼浇防治。

3.5月上旬至8月下旬，白天温度达到28℃，夜间温度较高、湿度较大时，使用菌核净、代森锰锌等喷雾防治。

4.高温、高湿天气来临之前或期间，少施或不施氮肥；避免傍晚浇水，避免串灌、漫灌；避免高温高湿季节修剪。

为害状

| 冠瘿病 | *Agrobacterium tumefaciens* (Smith and Townsend) Conn. |

冠瘿病，又名根癌病、根瘤病，是一种为害严重的细菌性病害。

特点

1.该病菌多从树木的裂口、伤口侵入，主要为害树木的根颈、侧根、主根以及枝干等部位；典型症状是在受害部位出现球形或扁球形瘤状物，初期个小、光滑、柔软，后期表皮粗糙，多开裂；瘤的差异较大，大小不一。

2.染病树木发育受阻，生长缓慢，植株矮小，严重时叶片黄化，早衰；成年染病果树，果实少而小。

3.樱花、84K杨、毛白杨以及核果类果树发病率较高。

4.碱性、黏性土壤，排水不良的地块发病重；湿度大的沙壤土发病重。

5.病菌主要通过苗木、插条调运等远距离传播，通过雨水、农事活动、地下害虫、线虫等近距离传播。

瘤状物

枝干受害状

根部受害状

根部受害状

病害

寄主

樱花、桃、杨、柳等林木、果树和花卉植物。

防治措施

1.严格检疫，防止冠瘿病随寄主植物传入和扩散蔓延；发现带病苗木立即清除，集中烧毁。

2.不在黏重土壤和排水不良的地块培育苗木。

3.采用高位嫁接法嫁接苗木；防止嫁接工具传播病菌。

4.施用酸性肥料、有机肥料和复合肥改良碱性土壤。

5.及时防治蛴螬、蝼蛄等地下害虫。

6.利用抗根癌菌制剂K84蘸根预防。

海棠树干受害状

板栗疫病　　*Cryphonectria parasitica* (Murrill) Barr

板栗疫病，病原菌为子囊菌的寄生隐丛赤壳，是一种真菌性病害。

特点

1.该病菌主要为害树干和主枝，常引起树皮腐烂、枝梢枯萎，严重发生时可造成受害树死亡，病菌通过伤口侵入，病斑常出现于嫁接口附近和受昆虫为害的树皮处；发病初期在树木表皮上形成圆形或不规则形的水渍状病斑，随后病部失水，干缩下陷，皮层开裂，在树皮与木质部之间可见羽毛状扇形的菌丝层，初为乳白色，后为浅黄褐色。

2.病菌在受害树木的病组织内越冬。翌年4月上中旬病菌开始活动，并向病组织周围扩展，4月下旬产生繁殖体，借雨水、气流、昆虫和鸟类传播。

3.土壤瘠薄，密植、生长势弱、树干向阳面、枝干害虫发生重、伤口多的板栗树易发病。

寄主

板栗。

防治措施

1.加强果园管理，增施有机肥，提高树势，保持园内通风透光。

2.选用抗性砧木和抗病品种接穗。

3.及时防治枝干害虫，嫁接口涂抹杀菌剂预防。

4.刮除病斑，并使用甲基托布津或"843"康复剂等涂抹伤口。

枝条病斑

树干腐烂

树干腐烂

杨树溃疡病 *Botryosphaeria dothidea* (Moug.ex. Fr.) Ces.et De Not.

杨树溃疡病，病原为葡萄座腔菌，是分布较广、为害较重的杨树干部病害。

特点

1.该病菌可为害主干和枝条，幼树多发生于主干的中下部；病斑有水渍状和水泡状两种，多发生在枝干皮孔边缘，圆形或椭圆形，斑径多为5～20 mm；泡内充满无色无味液体，水泡破裂后病斑凹陷呈深褐色，皮层腐烂变黑。

2.一年出现2次发病高峰，5月下旬至6月上旬为第1次发病高峰期，8～9月为第2次发病高峰期。

3.杨树溃疡病为寄主主导型病害，树体含水量低有利于该病发生，树皮含水量与抗病性成正相关。

杨树树干水渍型受害状

杨树树干水泡型受害状

干部受害状

干部受害状

寄主

杨、榆、核桃和苹果等。

防治措施

1.选用抗性树种和抗性品种。

2.及时浇水，保持树体（苗木）充足的水份是防止该病发生的关键。

3.树干涂白或利用3～5°Bé石硫合剂涂干或喷干可有效预防该病发生。

4.利用甲基托布津或代森锰锌喷干防治。

5.加强监测，及时清理病死木。

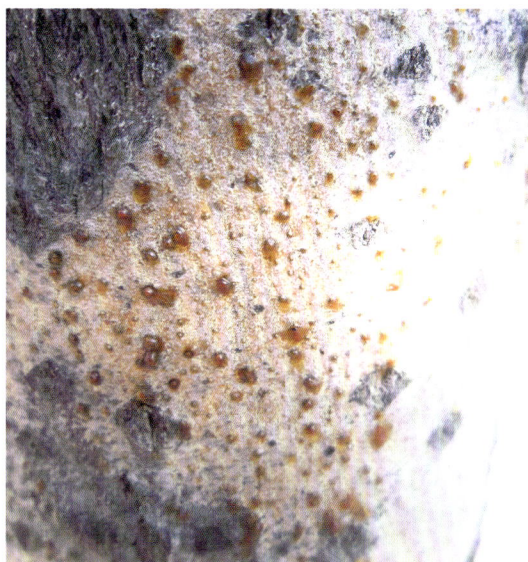

干部受害状

干部受害状

合欢枯萎病　*Fusarium oxysporum* f.sp. *perniciosum* (Hepting) Toole

合欢枯萎病，病原为尖孢镰刀菌的一个变型，是一种真菌类土传病害。

特点

1.该病是一种毁灭性病害；幼苗染病，根茎部位变软，猝倒死亡；2年生以上苗木染病，初期个别枝条叶片失水变黄，萎蔫下垂，症状逐步扩散蔓延至整株，病株根部皮层变褐腐烂；潮湿条件下，枝干皮孔处膨胀开裂，产生肉红色或白色粉状分生孢子堆。

2.病菌在土壤中生存，条件合适时，从合欢根的伤口侵入。5月出现症状，6～8月为发病盛期，直到10月停止。

3.高温高湿、地势低洼、土壤黏重、光照不足、3～8年生的植株发病重。

寄主

合欢。

防治措施

1.选择抗病品种，适地适树，避免重茬和过于密植。

2.发病初期，使用多菌灵枝干喷药；使用甲基托布津、百菌清或多菌灵等灌根防治，每月1次，连续3次。

3.及时剪除发病较轻的枝条，清除发病较重的植株。

为害状

为害状

为害状

为害状

树干纵切面为害状

树干横切面为害状

黄栌枯萎病　　大丽轮枝孢菌*Verticillium dahliae* Kleb.

黄栌枯萎病，病原为大丽轮枝孢菌，又名黄栌黄萎病，是一种毁灭性真菌土传病害。

特点

1.黄栌枯萎病是一种系统侵染性病害，常造成黄栌大面积枯死；叶部有两种萎蔫类型：一种是绿色萎蔫型，主要表现为不失绿，不落叶；一种是黄色萎蔫型，主要表现为叶脉绿色，叶片枯黄、脱落。

2.5～6月为黄栌枯萎病的主要侵染时期，5月中旬便可发现叶部萎蔫症状；7～8月为发病盛期。

3.病菌从寄主植物根部侵染进入植物体，沿维管组织扩散至植物各个部分，导致植物水分、矿物质等吸收、运输出现障碍，从而使寄主植物出现枯萎、衰弱，甚至死亡等症状。

4.林分郁闭度大、阴坡等环境条件下发病重；土壤贫瘠，土壤速磷、速钾含量低，发病重。

寄主

黄栌。

防治措施

1.严格检疫，防止带病苗木进入绿化造林地。

2.营造混交林；改良土壤理化性状，适量施入磷肥和钾肥，避免过量使用氮肥。

3.新植苗木，使用萎菌净、多菌灵等枝干喷雾防治；发病树木，使用萎菌净、多菌灵等灌根防治。

4.及时剪除发病较轻的枝梢；注意使用萎菌净和多菌灵消毒剪锯口和修剪工具。

黄栌受害状

枝叶受害状

小枝受害

叶片受害状

枝条受害状

国槐烂皮病　Gibberella tricincta El-Gholl, McRitchie, schoalt. & Riclings

国槐烂皮病，又名国槐腐烂病、国槐溃疡病，常引起枝枯或苗木枯死，是一种枝干真菌病害。

特点

1.该病症状有两种：一是镰刀菌型烂皮病，多为害2～4年生绿色主干和绿色小枝；病斑多发生在剪口或坏死皮孔处，病斑初期呈浅黄褐色，近圆形，后扩展为梭形或环茎一周，长1～5 cm，呈黄褐色湿腐状，稍凹陷，有酒糟味；后期病斑上长出红色分生孢子角。二是小穴壳菌型烂皮病，初期症状与前一种相似，但病斑颜色稍浅，且有紫褐色边缘，长20 cm以上，并可环割树干，后期病斑内长出许多小黑点，即病菌的分生孢子器。

2.镰刀菌型烂皮病发生期比小穴壳菌型早。3月上旬开始发生，3月中下旬至4月下旬为发病盛期，5～6月长出红色分生孢子角。

3.该病菌具潜伏侵染特性，天气干旱，土壤缺水，树皮内含水量急剧下降时发病较重；地势低洼积水处发生严重。

4.病菌从剪口、断枝、死芽、叶蝉产卵痕及坏死皮孔等处侵入，剪口过多、树势衰弱是发病的主要条件。

寄主

国槐和龙爪槐等。

防治措施

1.大苗移栽时避免伤根或剪枝过重，增强树势，提高抗病力；9月以后注意控水控氮。

2.春秋两季，枝干及剪口处喷涂波尔多液，防止病菌侵染。

3.及时剪除病枯枝，减少病菌再侵染。

4.发病严重时，使用多菌灵喷雾防治。

5.及时防治叶蝉，减少病菌侵染概率。

枝干受害状

杨树腐烂病　　*Cytospora chrysosperma* (Pers.) Fr.

杨树腐烂病，病原金黄壳囊孢菌，又名杨树烂皮病，是一种分布广泛的枝干真菌性病害。

特点

1.病菌具有潜伏侵染和弱寄生的特性；发病症状可分为干腐型和枯梢型两种；当病斑包围枝干一周时，即可造成受害部位上部枯死。

2.干腐型多发生于成年树木西南方向的主干、主枝及枝干分叉处；发病初期在发病部位出现暗褐色不规则形水肿状病斑，具有酒糟味，后期皮层腐烂，变软后失水下陷，有时有龟裂，病斑有明显的暗褐色边缘；病斑上常出现密集的黑色小颗粒状物，遇雨或湿度较高时，黑点顶端溢出乳白色浆状物，并逐渐变成橘黄色卷须状；病斑以春、秋两季扩展速度较快，纵向发展比横向发展快。枯梢型多发生于幼树或大树枝干上，发病症状不明显。

3.3月中旬，平均气温达到5 ℃时开始发病，5～6月为发病高峰，7月后病势渐趋缓和，9月基本停止发展。

4.病菌主要借助风、雨、昆虫、鸟等传播，主要从伤口入侵，冻害、日灼、风沙、虫害、盐害、旱害、修剪和林地内燎荒等易引起该病发生；土壤贫瘠、黏重、盐碱、地势低洼和长期积水等发病较重。

5.青杨、北京杨等发病较重；毛白杨、加杨等较抗病。

分生孢子角

枝干受害状

寄主

杨、柳和榆等。

防治措施

1.加强栽培管理，增强树势，选用抗性品种绿化造林；初冬季节树干涂白，防止冻害和日灼发生。

2.改善林分卫生状况，及时清除病株和病枝。

3.使用蒽油、843康复剂、双效灵、碳酸钠液等药剂涂干或树干喷雾防治。

枝干受害状

松落针病	*Lophodermium* conigenum (Brunaud) Hilitzer

松落针病，由子囊菌的散斑壳属病菌引起，是一种分布广泛的真菌性病害。

特点

1.主要为害针叶，病害常造成针叶枯黄早落；发病初期在针叶上出现小的黄斑，晚秋变黄脱落。翌年春季在落叶上出现纤细黑色或褐色横线，将针叶分为若干段，横线间出现黑色、褐色或灰色病斑，长椭圆形或圆形，有油漆光泽。

2.病菌主要在落地针叶上越冬，少数在树上针叶越冬。翌年3～4月间发病；病菌借气流传播，从气孔侵入；病菌侵入的最适日均温为25 ℃，相对湿度为90%以上。

3.病菌通常侵染2年生针叶，有时也侵染1年生针叶；幼林发病率高，易成灾，20年生以上树木发病较少。

4.林相差、郁闭度大、透气性差、林内、树冠下部、被压木等发病较重；迎风坡面、干旱缺水、土壤瘠薄、地势低洼等发病较重；病虫害严重，抚育管理不善等发病较重。

寄主

油松、樟子松、白皮松、红松、黑松、赤松、华山松和马尾松等。

防治措施

1.适地适树，选择抗病品种，营造混交林；加强林分经营管理，及时清除衰弱、濒死木、被压木、发病枝条及落叶。

2.在春夏子囊孢子散发高峰期之前，使用1：1：100（硫酸铜：生石灰：水）波尔多液、退菌特、敌克松、代森锌、代森铵等喷雾防治；郁闭幼林或重病成林施放621烟剂、百菌清烟剂或硫磺烟剂防治。

3.使用假单胞杆菌*Pseudomonas* sp.和蜡状芽孢杆菌*Bacillus cereus*等生物制剂防治。

松针受害状

松针受害状

枝条受害状

病
害

紫纹羽病　　紫卷担子菌 *Helicobasidium purpureum* (Tul.) Pat.

紫纹羽病，病原为紫卷担子菌，又称紫色根腐病，是多种林木、果树的常见根部病害。

特点

1.受害的病根表面缠绕有紫红色网状物；病根皮层腐烂，易剥落，木质部腐朽。

2.病原在土壤中越冬；病菌首先从根部的气孔或伤口侵入，逐渐向侧根和主根蔓延。

3.低洼潮湿、排水不良有利于发病及病害流行。

4.病组织有蘑菇味；病株叶小、色淡，甚至枯死。

寄主

杨、刺槐、柳、苹果、桑和侧柏等。

防治措施

1.加强栽培管理，选用健康苗木。

2.使用1%硫酸铜液、20%石灰水液涂抹病根或浸泡病根。

3.及时切除病根，清除、更换病根周围的土壤。

4.使用70%甲基拖布津、1%硫酸铜液等进行土壤灌根防治。

根茎受害状

根茎受害状

病害

伐桩受害状

泡桐丛枝病　　*Ca. Phytoplasma Paulounia* Witches

泡桐丛枝病，又名扫帚病、疯病，是一种植原体病害。

特点

1.受害树木枝叶丛生，节间缩短，冬季小枝枯死不脱落，呈"扫帚状"；叶序紊乱，病叶黄化、小而薄；根部萌蘗丛生，病苗幼根水肿腐烂。

2.病原可通过叶蝉、飞虱、茶翅蝽等媒介昆虫和菟丝子、人工嫁接等方式近距离传播；通过调运带病植物远距离传播。

3.海拔较低、土壤贫瘠、干旱、积水、日灼发病较重；白花泡桐比紫花泡桐抗病。

泡桐受害状（夏季）

泡桐受害状（冬季）

寄主

泡桐、枣树、樱桃和竹子等。

防治措施

1.选用抗病树种和品种；选用播种育苗或无病母树采根育苗。
2.使用盐酸四环素（或土霉素）类药剂树干打孔输液防治。
3.及时剪除发病较轻的病枝。
4.防治叶蝉、飞虱、茶翅蝽、烟草盲蝽等媒介昆虫。

| 枣疯病 | *Ca. Phytoplasma* jujube witches' |

枣疯病，又名丛枝病、扫帚病，是一种植原体引发的毁灭性病害。

特点

1.枣树感病后节间短，叶片变小，枝叶丛生，黄化，冬季不脱落；花梗明显延长，萼片、花瓣变为小叶；果实畸形，果肉疏松，失去食用价值。
2.通常由一个或几个枝先发病，进而扩展到全树，其蔓延速度因品种和管理条件而异，病树重者2~3年、轻者5~6年即死亡。
3.病菌主要通过嫁接和凹缘菱纹叶蝉、中华拟菱纹叶蝉等刺吸类昆虫传播。
4.土地贫瘠、肥水条件差、管理粗放、杂草丛生、树龄小、树势较弱的枣园发病严重。感病品种发病较重。

花变叶（花器返祖）现象

树枝呈丛生状

往年受害枝梢

枣树受害状

寄主

枣和酸枣。

防治措施

1.严格检疫，带病苗木传入和扩散蔓延。

2.清除发病较重的树木，剪除发病较重的枝条。

3.使用"祛疯1号""祛疯2号"等药剂树干输液治疗防治。

4.选用抗性品种对发病树进行多头高接。

5.及时防治传媒昆虫，切断传播链。

6.合理修剪，适量负载，增强树势，及时清除园内杂草及周边感病酸枣树。

根结线虫病 *Meloidogyne* spp.

根结线虫病，是一种根部、土传病害。

特点

1.受害植株根部畸形，根系常产生大小不一的瘤状物，多为绿豆大小，内有乳白色的颗粒物。

2.5月线虫开始侵染，6月根部有根瘤形成。

3.受害植株叶尖端皱缩，叶片渐渐枯黄，提前落叶，严重时整株死亡。

4.病菌主要通过施肥、浇灌水和染病植株等传播蔓延。

5.土壤温度高、湿度大，酸性、沙质和肥沃土壤等有利于其发生。

寄主

小叶黄杨、牡丹、芍药、海棠、月季、桃、无花果、凤仙花、仙客来、菊花和茉莉等。

防治措施

1.严格检疫，防止根结线虫病随寄主植物扩散蔓延。

2.高温覆膜、土壤消毒、高温干燥、日光曝晒等处理土壤。

3.植株栽植前，利用抗根结线虫菌剂（淡紫拟青霉）、克线磷等，在栽植沟或坑内撒施防治。

受害植株

根系受害状

根系受害状

根系受害状

松材线虫病 *Bursaphelenchus xylophilus* (Steiner et Buhrer) Nickle

松材线虫病，是一种毁灭性松树病害，俗称松树的"癌症"，也是国家规定的检疫性有害生物，对北京林木资源构成潜在威胁。

特点

1.该病菌致死速度快。松材线虫通过松墨天牛补充营养的伤口进入木质部，寄生在树脂道中，外部症状是针叶陆续变为黄褐色乃至红褐色，萎蔫，松树一旦感病，40天即可死亡，松林3～5年即可毁灭。

2.适生范围大。年平均温度高于14 ℃的地区极易发生。

3.传播途径广。可通过苗木、原木、木制品和木质包装材料等远距离传播，也可通过松墨天牛等媒介昆虫近距离传播。

4.防治困难。目前，暂没有经济有效的防治方法。

5.受害树木的木质部多有蓝变现象。

寄主

黑松、马尾松、赤松、白皮松、湿地松、华山松和油松等。

防治措施

1.严格检疫，特别是在通信、电力、交通、企业等项目建设中所使用的原木、木材、薪材以及木质包装材料。

受害木材出现蓝变现象

媒介昆虫松墨天牛

2.利用诱液及饵木诱杀松墨天牛等媒介昆虫。

3.利用噻虫啉、噻虫啉、保松灵、白僵菌和绿色威雷等喷雾防治媒介昆虫。

4.利用线虫灵、护绿素等打孔注药防治。

5.释放花绒寄甲、川硬皮肿腿蜂、管氏肿腿蜂等天敌防治媒介昆虫。

| 杏疔病 | *Polystigma deformans* Syd. |

杏疔病，又名杏疔、杏红肿病、肿叶病、叶枯病、杏黄病，病原菌为子囊菌的杏疔座霉菌，是一种真菌性病害。

特点

1.主要为害新梢、叶、花和果实，造成病梢生长缓慢、短粗，病叶肥厚，正反两面均产生红褐色小点，叶柄基部肿大，后期病叶干枯变黑，残留枝上。

2.发生规律尚不完全清楚，病菌可能在芽内越冬，翌年杏树发芽时，侵害新梢、叶和花果；落花后，新梢15 cm左右时症状最为明显。

前期为害状

中期为害状

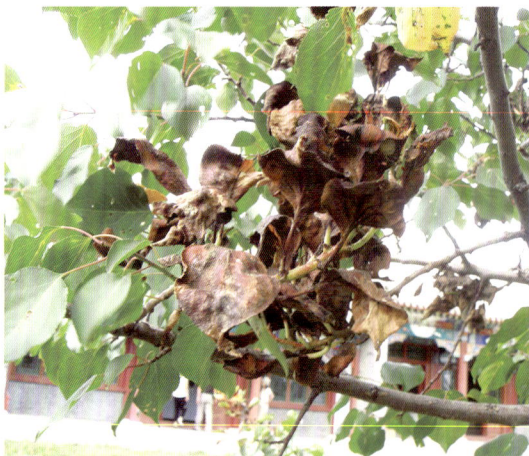

后期为害状

寄主

杏。

防治措施

1.结合修剪，及时剪除病枝叶，清除枯枝落叶。
2.萌芽前，使用5°Bé石硫合剂等药剂喷雾防治。
3.展叶后，可使用甲基硫菌灵等药剂喷雾防治。

葎 草	*Humulus scandens* (Lour) Merr	桑科	Moraceae

葎草，属荨麻目桑科。又称刺刺秧、拉拉藤等，多年生或一年生之蔓性草本，常缠绕幼树造成为害。

特点

1.株长1～5 m，雌雄异株，通常群生，生于农田及荒地，为旱田常见杂草，茎喜缠绕其它植物生长，茎粗糙，具倒钩刺。

2.3，4月间出苗，雄株7月中下旬开花，花序圆锥状，顶生或腋生，花被片和雄蕊各5，绿色。雌株8月上中旬开花，花序近球形。苞片卵状披针形，瘦果扁球形，黄褐色，宽0.5 cm，9月中、下旬成熟。

3.叶对生，具有长柄5～20 cm，掌状3～7裂。

葎草（示叶对生）

防治措施

1.清除林地边、路旁的杂草，杂草萌发后或生长时期直接进行人工拔除或铲除。

2.利用除草剂防治。

葎草（示花序）

葎草的花

葎草

附录1

美国白蛾快速识别

·**成虫快速识别步骤**·

第一先看虫体，中等（6～16mm）白色蛾类（图1、图3），部分越冬代雄成虫前翅有黑色斑点（图2）。

第二看胸腹部，美国白蛾胸腹部为白色；极个别越冬代雄成虫腹部背面有一列黑点（图4）。

第三看前足，前足基节、腿节都是橘黄色，胫节和跗节内侧白色、外侧黑色（图5、图6）。

图1 雌成虫

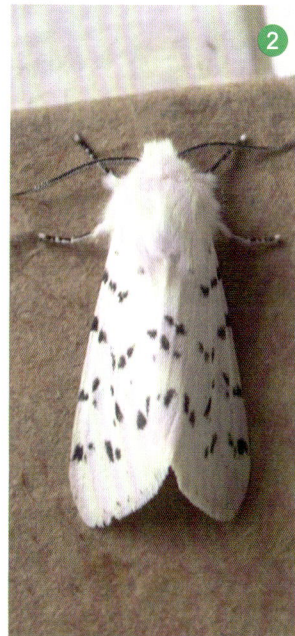

图2 越冬代有斑雄成虫

图3 无斑雄成虫

图4 有斑雄成虫

前足基节
（橘黄色）

前足腿节
（橘黄色）

图5 雄成虫前足特征

图6 雌成虫前足特征

·幼虫快速识别步骤·

第一看树木上有无网幕，如有网幕再查看虫体（图7）。

图7 臭椿上的网幕

第二看头部，头黑色，有光泽，头宽大于头高（图8）。

头黑色有光泽，头宽大于头高。

图8

第三看背部，背部中央有一条灰褐色至黑色的宽纵带，纵带两侧各有1列黑色毛瘤（图9）。

1列黑色毛瘤

背部黑色宽纵带

1列黑色毛瘤

图9

第四看体毛，体毛呈丛状，白色，较硬且长；高龄幼虫混有少量黑色体毛（图10）。

图10

第五看身体两侧，身体两侧各有上下两列橘黄色或红褐色毛瘤（图11）。

上列橘黄色毛瘤

下列橘黄色毛瘤

图11

·蛹的快速识别步骤·

第一先看蛹体，长8～16 mm，宽2.5～5 mm，初化蛹为淡黄色，后逐渐变为暗红褐色（图12）；

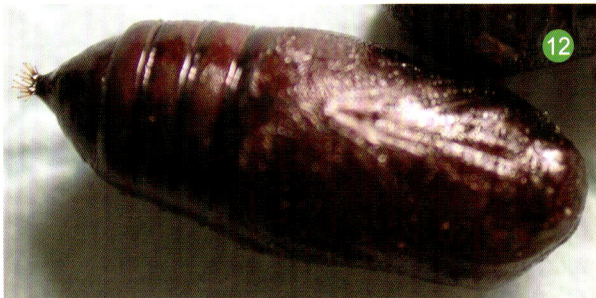

图12

第二看臀棘，由8～15个细刺组成，每根刺的端部膨大、凹陷呈盘状，长度几乎相等（图13）。

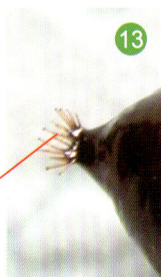

图13　端部膨大呈盘状，
长度几乎相等。

·卵的快速识别步骤·

卵近圆球形，直径0.4～0.5 mm，淡绿色或黄绿色，有光泽，表面多有规则小凹刻。卵粒排列整齐成块，上覆盖有雌成虫的白色体毛（图14）。

图14

通过肉眼观察，如果某个虫态的特征与以上描述相符合，即可初步确定为美国白蛾。

美国白蛾性信息素诱芯使用方法

一、安装使用方法

1.悬挂性信息素诱捕器的日期为3月中旬至10月上旬。

2.性信息素诱捕器的下端距地面以1.5～2 m为宜。

3.诱芯使用方法：首先撕掉诱芯外面塑料包装，将诱芯的黑面黏在双面胶片上，然后再将胶片黏在诱捕器顶盖下方的塑料板上，最后将诱芯上面覆着的白色塑膜揭下即可。

美国白蛾诱捕器

二、使用注意事项

1.诱虫杀虫灯和性信息素诱捕器不应安放在一起，两者的设置间距应不低于200 m，安放太近，将影响监测诱杀效果。

2.在高虫口密度和灯光较弱的地区以诱虫杀虫灯监测诱杀为主，诱芯监测诱杀为辅；在低虫口密度和灯光较强的地区以诱芯监测诱杀为主，诱虫杀虫灯监测诱杀为辅。

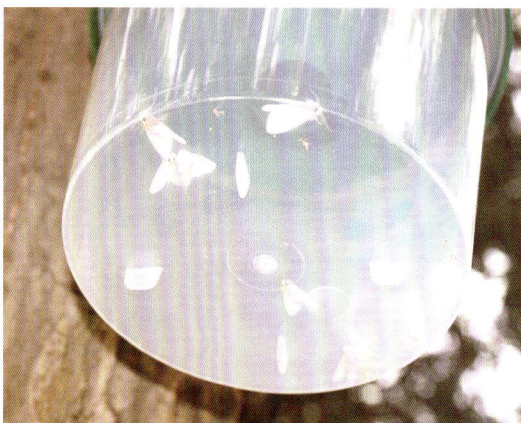

诱到的美国白蛾雄成虫

3.使用诱芯进行监测诱杀时，应在美国白蛾诱捕器中放入药丸或洗衣粉水，防止成虫逃逸。

释放白蛾周氏啮小蜂技术要点

白蛾周氏啮小蜂是美国白蛾、杨扇舟蛾、榆毒蛾和柳毒蛾等鳞翅目害虫蛹期的优势寄生性天敌。

1.习性特点

白蛾周氏啮小蜂*Chouioia cunea* Yang，属膜翅目小蜂总科姬小蜂科，是美国白蛾等的优势寄生性天敌之一。成虫体长1 mm左右，具有很强的飞翔和寻找寄主能力，可以敏锐地寻找到隐蔽在各种化蛹场所的老熟幼虫和蛹，通过寄生吸取寄主体内的营养物质完成自身发育，达到控制美国白

白蛾周氏啮小蜂成虫

蛾等的目的。1头雌蜂最多可产卵680粒，雌雄比为44.1∶1；白蛾周氏啮小蜂成虫在21 ℃的室温条件下可存活15天，若饲以20%的蜂蜜水，则可存活20天；成虫水平飞行一次可达45 m，垂直飞行一次为35～40 m。

2.释放时间

美国白蛾老熟幼虫期和化蛹初期，每代以放蜂2～3次为宜，每次放蜂时间间隔7～10天。

3.放蜂量

淹没式防治，即白蛾周氏啮小蜂与美国白蛾蛹的比例为3∶1。根据调查网幕中美国白蛾的幼虫数量，求出平均值，再根据普查时一个地区的总网幕数，算出总发生幼虫量乘以3，即为需要的放蜂总量。

预防性放蜂，亩（1亩=1/15hm²，下同）放蜂量2万头，即4个蜂茧；防治性放蜂：1个美国白蛾网幕放蜂0.5万头，即1个蜂茧。

4.气象条件

放蜂适宜选择气温25 ℃以上，天气晴朗，风力小于3级的天气，10:00～16:00为宜，此时光线充足，湿度小，利于雌蜂飞行寻找寄主。

5.放蜂方法

一是用图钉、铁钉、胶带等将蜂茧固定于树干或树枝等背阴处。二是放蜂点要均匀，点与点之间的水平距离以50 m为宜。三是接蜂口应朝下（见图示），防止雨水进入蜂茧，影响出蜂。四是避免雨天放蜂或将蜂茧在阳光下曝晒。五是不能将蜂茧直接放于地面，以防蚁类取食。六是蜂茧应及时释放，不能长时间存放。

红脂大小蠹识别

· 成虫的识别 ·

成虫体长6.0～9.6 mm，体长约为体宽的2.1倍，褐色。雌虫个体较雄虫大。

1.蜕裂线： 后头及颊光滑，有不明显刻点，后头中间有一极明显的黑褐色蜕裂线。

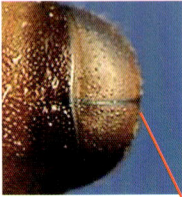

3.前胸背板： 前胸背板呈梯形，长宽比为0.7：1，长有较密的黄色刚毛，后端2/3平行。

2.额毛： 额面不规则隆起，长满较短黄毛及黑色小瘤突。

4.触角： 颚前沿有两个明显扁平状黑色瘤状突起。触角锤状，5节，被有稀疏短小的刚毛，末端膨大，扁平状。上颚宽大，近上颚处有一排较长的毛刷。

5.鞘翅： 鞘翅的长为宽的1.5倍，两侧直伸，被有8列明显刻点及小瘤突。8列刻点在鞘翅的末端处交汇。

·幼虫的识别·

1.看颜色和大小：幼虫无足，蛴螬形，共5龄。老熟幼虫长约10 mm，乳白色，头部褐色。

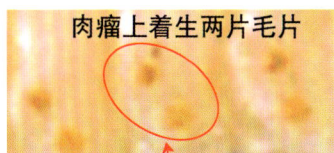

肉瘤上着生两片毛片

侧面放大

2.**看虫体两侧**：虫体两侧各有一列肉瘤，肉瘤上着生两片黄褐色毛片，每个毛片上有一根褐色刚毛。

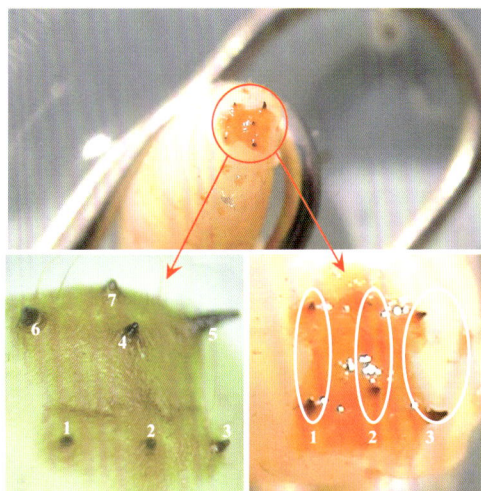

3.**看虫体尾部**：尾部末端有一褐色胴痣，上着三列七根褐色刺钩。

·卵的识别·

卵为长椭圆形或卵圆形，乳白色有光泽，长约1 mm。

乳白色椭圆形

北京市林业植物检疫办法

（2008年4月8日北京市人民政府第3次常务会议审议通过）

第一条 为防止检疫性、危险性林业有害生物的入侵和传播蔓延，保护首都生态环境，根据《中华人民共和国森林法》和国务院《植物检疫条例》等法律、法规的规定，结合本市实际情况，制定本办法。

第二条 本市行政区域内林业植物及其产品的检疫活动，应当遵守本办法。

第三条 市园林绿化行政主管部门（以下简称市园林绿化部门）负责全市林业植物检疫工作；各区（县）林业行政部门负责本行政区域内的林业植物检疫工作。市和区（县）林业植物检疫机构（以下简称林检机构），负责执行林业植物检疫任务。

本市农业、工商行政管理、交通运输、邮政等有关部门和出入境检验检疫机构根据职责分工，做好林业植物检疫的相关工作。

第四条 市和区（县）林检机构应当配备林业植物检疫员（以下简称检疫员），根据需要建立检疫检验实验室，配备相应的检疫工作设备和除害处理设施。

市园林绿化部门和区（县）林业行政部门可以依法聘请兼职检疫员协助林检机构开展林业植物检疫工作。

第五条 检疫员执行检疫任务时，可以进入林业植物及其产品的生产、经营、存放等场所进行现场检查、调查和检疫工作，可以采集相关样品，查阅、复制和拍摄与检疫有关的资料，收集与检疫有关的证据，调查了解相关情况。

检疫员在执行检疫任务时，应当穿着检疫制服，佩带检疫标志，出示执法证件。有关单位和个人应当予以配合，不得阻碍检疫员开展检疫工作。

第六条 检疫机构应当对下列林业植物及其产品和可能被检疫性、危险性林业有害生物污染的运载工具、存放场所实施检疫：

（一）乔木、灌木、竹类、花卉等林业植物，及其种子、苗木和其他繁殖材料；

（二）木材、竹材、藤条、中药材、果品、盆景和标本等木质成品或者半成品；

（三）用于承载、包装、铺垫、支撑、加固货物的木质材料；

（四）国家和本市确定的其他应施检疫的林业植物及其产品。

检疫机构应当加强对调入本市的林业植物及其产品的复检工作。

第七条 林检机构应当依据国务院有关部门公布的检疫性、危险性林业有害生物名单和市园林绿化部门公布的补充检疫性、危险性林业有害生物名单开展林业植物检疫工作，检查林业植物及其产品是否带有林业有害生物。

第八条　单位和个人发现林业有害生物的，应当立即向所在地林检机构报告。接到报告的林检机构应当迅速组织专业技术人员进行检验鉴定，确定是否属于疫情。

属于本市新发现的检疫性、危险性林业有害生物的，林检机构应当按规定向市园林绿化部门报告，并采取封锁、扑灭或者控制措施。

第九条　本市局部地区发生林业检疫性有害生物的，应当按规定划定疫区和保护区。疫区、保护区的划定、变更和撤销，由市园林绿化部门提出，报市人民政府批准，并报国务院林业主管部门备案。

市园林绿化部门和区（县）林业行政部门应当制定并落实突发林业有害生物应急预案。

第十条　市园林绿化部门应当加强林业有害生物调查工作，每年组织开展重点林业有害生物调查，按照国家规定组织开展普查。

市和区（县）林检机构应当建立林业植物检疫档案，编制检疫性、危险性林业有害生物分布资料和封锁、除治方案，并报上一级林检机构备案。

第十一条　林业植物种苗繁育基地、母树林、花圃、果园的生产经营者，应当在生产期间或者调运之前向当地林检机构申请产地检疫。

林检机构应当加强对下列场所的植物检疫工作：

（一）木材加工、贮存或者转运场所；

（二）果品贮存、转运场所；

（三）苗木、花卉集散地。

对检疫合格的，由检疫员签发《产地检疫合格证》；对检疫不合格的，签发《检疫处理通知单》。

第十二条　调运林业植物种子、苗木和其他繁殖材料或者从发生疫情的地区调运应施检疫的林业植物及其产品的，调运人应当按照下列规定办理检疫手续：

（一）拟调入本市的，应当事先向市林检机构或者其委托的区（县）林检机构提出申请，由其向调出地林检机构开具《森林植物检疫要求书》；调运人取得调出地林检机构签发的《植物检疫证书（出省）》后，方准调入。

（二）拟调出本市的，应当持调入地林检机构出具的《森林植物检疫要求书》向市林检机构或者其委托的区（县）林检机构报检；经检疫合格，取得《植物检疫证书（出省）》后，方准调出。

在本市跨区（县）调运林业植物种子、苗木和其他繁殖材料的，应当凭《产地检疫合格证》调运。

第十三条　运输、邮寄应施检疫的林业植物及其产品时，应当凭《植物检疫证书》办理托运手续；其中，在本市跨区（县）运输、邮寄林业植物种子、苗木和其他繁殖材料的，应当凭《产地检疫合格证》办理托运手续。

托运物品有下列情形之一的，承运人不得办理托运；发现相关物品的，应当及时通知当地林检机构，不得擅自承运：

（一）未按规定取得《植物检疫证书》或者《产地检疫合格证》的，或者所持证书超过有效期的；

（二）相关林业植物及其产品的种类、名称或者数量与证书记载内容不符的。

第十四条 使用单位应当对用于承载、包装、铺垫、支撑、加固货物的木质材料进行妥善保管，发现可能带有林业有害生物的，应当及时向当地林检机构报告，并采取控制措施，防止其扩散蔓延。

第十五条 经批准从境外引进林业植物种子、苗木和其他繁殖材料在本市种植的，引进单位或者个人应当取得出入境检验检疫机构发放的准予入境证明，并按照市林检机构的要求在指定时间、地点进行隔离试种。

引进单位或者个人应当自引进的林业植物种子、苗木和其他繁殖材料进入本市之日起7日内，告知市林检机构。

市林检机构应当与出入境检验检疫机构加强联系，及时互相通报经批准从境外引进林业植物种子、苗木和其他繁殖材料在本市种植的情况和林业植物检疫工作动态情况，共同做好引种后的监督管理。

第十六条 禁止在非疫情发生区使用或者饲养活体检疫性、危险性林业有害生物。因教学、科研确需使用或者饲养活体检疫性、危险性林业有害生物的单位，应当在使用或者饲养前，报市园林绿化部门，由其进行审批或者按照规定报国务院林业主管部门审批；经批准后，方可开展教学、科研活动。

在非疫情发生区使用或者饲养活体检疫性、危险性林业有害生物的，相关教学、科研单位应当制定并落实防治预案，防止检疫性、危险性林业有害生物逃逸、扩散蔓延，并严格按照批准的试验时间、试验场所、试验种类和数量开展教学、科研活动。

第十七条 林检机构检查过程中发现林业植物或其产品、相关运载工具以及存放场所被检疫性、危险性林业有害生物污染的，应当签发《检疫处理通知单》，责令并监督当事人进行处理。

当事人应当按照《检疫处理通知单》的要求在指定时间、指定地点进行除害处理；难以除害处理的，应当按照规定停止调运、改变用途或者就地销毁。

第十八条 本市实施林业植物检疫行政许可不收费。开展林业植物检疫方面的行政许可、检疫执法、疫情监测调查、林业有害生物普查和疫情紧急除治等活动所需费用，纳入同级财政预算。

第十九条　市园林绿化部门应当将本市林业植物检疫行政许可的申请条件和办理情况、国家公布的林业植物检疫疫情以及疫区划定等情况及时向社会公开，便于公众查询和知晓。

第二十条　市园林绿化部门和区（县）林业行政部门及其林检机构应当加强林业植物检疫的宣传工作，普及检疫知识，提高全社会的生态环境保护意识。

第二十一条　市园林绿化部门和区（县）林业行政部门应当开展法律知识和专业技术培训，提高检疫人员的执法能力和专业技术水平。

第二十二条　违反本办法第十一条第一款、第十二条、第十三条第一款规定，调运人有下列行为之一的，由林检机构责令改正，可以并处500元以上2 000元以下罚款：

（一）应施检疫的林业植物及其产品未办理《产地检疫合格证》或者《植物检疫证书》的；

（二）在报检过程中不如实报检，谎报或者瞒报林业植物及其产品种类、名称、数量的；

（三）擅自开拆检讫的林业植物及其产品封识、包装，调换植物或其产品，或者擅自改变植物或其产品规定用途的；

（四）伪造、变造、买卖、转让、骗取林业植物检疫单证、印章、标志、封识的。

承运人违反本办法第十三条第二款规定，擅自承运不具有《植物检疫证书》或者《产地检疫合格证》的应施检疫林业植物及其产品的、所持证件与承运货物不相符或者所持证件超过有效期的，由林检机构责令补检，可以对相关承运人并处200元以上500元以下罚款。

第二十三条　违反本办法第十五条第一款规定，擅自从境外引种或者未按照检疫要求隔离试种的，由市林检机构责令改正，并处2 000元罚款。

违反本办法第十五条第二款规定，引进林业植物种子、苗木和其他繁殖材料后未及时告知的，由市林检机构给予警告，可以并处1 000元罚款。

第二十四条　违反本办法第十六条第一款规定，擅自在非疫情发生区进行活体检疫性、危险性林业有害生物教学、科研的，由市林检机构责令改正，并处1万元罚款。

违反本办法第十六条第二款规定，开展教学、科研活动时，未制定防治预案或者未按照批准的试验时间、试验场所、试验种类和数量开展教学、科研活动的，由市林检机构责令改正，可以并处5 000元以上3万元以下罚款；造成检疫性、危险性林业有害生物逃逸、扩散蔓延的，处3万元以上5万元以下罚款。

第二十五条　违反本办法第十七条第二款规定，当事人未按照《检疫处理通知单》的要求对受污染的林业植物或其产品、相关运载工具或者存放场所进行处理的，由林检机构责令改正，可以并处500元以上5 000元以下罚款。

第二十六条　违反有关法律、法规和本办法的规定，造成重大林业植物疫情或者导致疫情扩散蔓延的，由市林检机构对相关当事人处5万元以上10万元以下罚款；造成经济损失的，依法负责赔偿；构成犯罪的，依法追究刑事责任。

第二十七条　本办法自2008年6月1日起施行。1986年6月5日发布的《北京市林业植物检疫试行办法》同时废止。

关于《北京市林业植物检疫办法》的立法说明

一、立法的必要性

北京是国际型大都市，面临成功举办奥运会的重要任务，且"建生态城市，办绿色奥运"的发展理念及构建社会主义和谐社会的奋斗目标，特别是党的十七大报告中明确提出加强动植物疫病防控工作的要求，都对本市林业植物检疫工作提出了更高标准，确保首都绿色景观完整和生态安全已成为社会各界的共识。

随着首都林木资源的不断增加和对外贸易往来不断扩大，外来林业有害生物的入侵已对本市林业植物构成严重威胁，预防和治理林业有害生物的形势十分严峻。近些年来，美国白蛾、红脂大小蠹等检疫性、危险性林业有害生物对本市的林木资源和生态安全已经造成了严重破坏，导致大量经济损失和环境损害。随着本市奥运工程和生态城市建设的全面展开，大批绿化树种和苗木将从国内外调运进京，同时，本市从外埠购进的大型货物数量也急剧增多。随着种苗、林木产品以及货物木质包装材料、铺垫物品等可能附着夹带林业有害生物的待检产品数量猛增，外来林业有害生物的威胁也成倍加大，防控任务十分艰巨。

本市林业植物检疫工作执行的《北京市林业植物检疫试行办法》（以下简称《试行办法》）已经不能适应新形势、新情况下本市对林业植物检疫工作的要求，亟需完善。需要在明确区县部门管理作用、强化检疫部门职责、补充规定检疫范围、增强产地和调运检疫管理措施、加大执法力度等方面通过立法进行完善。此外，《试行办法》里多处表述已与当前国务院《植物检疫条例》和国家林业局的《植物检疫条例实施细则（林业部分）》以及实际工作情况不一致，特别是对林业植物检疫主管部门的主体称谓和法律责任表述等。根据2007年国务院对行政法规、规章清理工作的要求和法制统一原则，有必要作出相应修改。

按照中央提出"必须坚持全面协调可持续发展，建设环境友好型社会，使人民在良好生态环境中生产生活"的要求，为了确保绿色奥运的成功举办和生态城市、宜居城市的建设，加强林业植物检疫工作，根据市政府立法计划，我们开展了本次立法工作。

二、本次立法过程和征求意见情况

根据当前的林业植物检疫严峻形势和实际工作需求，市园林绿化局从2002年开始着手原《试行办法》的修订工作。在调研和修订过程中，先后召开各种层次的座谈会、研讨会12次，书面征求相关委办局、区县主管部门意见6次，并邀请有关专家学者对修订草案进行了论证。同时，多次征求了国家林业局主管部门的意见，形成了《北京市林业植物检疫办法（草案）》，于2007年11月9日报送市政府法制办审查。

在审查阶段，书面征求了市发展改革、商务、审计、财政、工商、质监、旅游、农业、水务、气象、口岸、出入境检验检疫、建委、城市综合执法、交通、环保、国土、邮政、通信管理、体育、广电、公安、监察、人事和编办共25个部门以及18个区县人民政府的意见，还上网公开征求了社会各方面的意见。在与主管部门研究修改后，形成《北京市林业植物检疫办法》（以下简称《办法》）。

三、对有关问题的说明

原《试行办法》共17条，在本次修订过程中，修改完善了相关部门职责、检疫员职责、检疫范围、产地检疫范围、调运检疫、林业有害生物教学研究规范等，补充了承运人义务、应急预案、木质材料管理、引种后续管理、检疫检查和除害处理、资金保障、宣传培训等内容，还细化了《植物检疫条例》的违法行为种类、增设了法律责任，修改后的《办法》共27条。

（一）进一步补充完善应施检疫范围

随着城市建设加快和经济的发展，本市林业木材及林业植物产品交易场所数量越来越多，做好对外地生产进入本市销售的林业相关物品的检疫工作，对于本市林业资源保护和林业有害生物防治来讲，尤为重要。除了植物及木材外，随着贸易往来的频繁，货物的木质包装铺垫材料、运载工具正成为松材线虫病等检疫性林业有害生物传播的重要途径，货物的存放场地又是这类物品的集中存放场所，也需要加强检疫监管。

因此，《办法》根据国家林业局的最新植物检疫工作要求，按照《植物检疫条例》规定，在第六条中进一步明确了本市应施林业植物检疫的范围，将"承载、包装、铺垫、支撑、加固货物的木质材料"和"可能被检疫性、危险性林业有害生物污染的运载工具、存放场所"列入应施检疫范围。此外，《办法》在第十一条中明确了实施产地检疫的范围不仅包括林木植物种苗繁育基地、母树林、花圃和果园，还应加强对"木材加工、贮存和转运场所""果品贮存、转运场所""苗木、花卉集散地"

等这些较长时间存放林木产品且有很高传染几率场所的检疫管理，对林业植物产品的重要流通环节进行产地检疫监管，与调运检疫相互弥补发挥检疫作用。

（二）加强调运环节的检疫管理

调运检疫，作为一项重要的管理措施，《植物检疫条例》要求由省级林检机构审批。根据本市林业植物检疫工作形势要求，依照行政许可法规定，在《办法》第十二条跨省调运检疫管理中，通过规章做出委托，规定市林检机构可以委托区、县林检机构实施林业植物调运检疫。通过这样规定，市和受委托的区、县两级林检机构均可以办理调运检疫手续，既能满足日益繁重的实际监管工作需要，又能够方便检疫手续的就近办理，提高办理效率。

《植物检疫条例》授权省级政府制定实施省内调运检疫的管理办法。基于本市辖区面积相对较小和植物分布属性单一特点，综合考虑市内调运检疫的可行性，在《办法》第十二条中明确要求"在本市跨区（县）调运林业植物种子、苗木和其他繁殖材料的，应当凭《产地检疫合格证》调运"，这样充分发挥产地检疫的作用，确保市内调运的种子、苗木和其他林木繁殖材料经过检疫，从而防止造成小范围疫情的大面积扩散；而对于本市境内调运其他林业植物及其产品的，不需要单独取得调运检疫许可，给生产经营单位不会带来过多的负担。

（三）完善疫情报告和应急处理

为了更好地对林业有害生物做好防控，真正做到及时发现、及时判断、及时采取措施，《办法》对"发现和报告林业有害生物"作出要求，规定全市的林检机构均可以接受报告。在《办法》第八条中明确要求"接到报告的林检机构应当迅速组织专业技术人员进行检验鉴定，确定是否属于疫情"，属于本市新发现的检疫性、危险性林业有害生物的，需要按照《植物检疫条例》要求逐级上报，并采取相应消除控制措施。

此外，根据市政府对应急工作的要求和国家林业局制定的《重大外来林业有害生物灾害应急预案》《突发林业有害生物事件处置办法》和《北京市突发林木有害生物事件应急预案》的有关规定，《办法》第九条中增加了应急方面的工作要求。

（四）加强对木质包装材料和引种检疫的监管

在实际工作中发现，大型货物的木质包装材料，如电缆木盘、包装垫木等物品，由于缺乏对责任主体的监管，这些物品作为附属物常常会被随意丢弃在野外，有的还被林业检疫人员发现带有林业植物检疫性有害生物。而一旦木质物品上所寄生的松材线虫等有害生物肆意传播，就会直接对本市林木资源和生态环境造成巨大损害。因此《办法》在第十四条中新增了对木质包装材料所有者的特殊义务规定，要求"使用单位应当对用于承载、包装、铺垫、支撑、加固货物的木质材料进行妥善保管"，同时要求发现可能带有林业有害生物的，应当立即采取措施，防止造成损害，并向当地林检机构报告。

近年来，我市从境外引进林木种子、苗木和其他繁殖材料数量大大增加，由于缺乏生物天敌和检疫防治手段，防控外来有害生物入侵的任务更加艰巨。《办法》第十五条在现有的引种检疫许可的基础上，进一步细化了指定时间、地点种植的要求；针对引种后的监管薄弱问题，规定了引种单位引进的林木种子、苗木和其他繁殖材料进境后应在7日内报告的程序，以此使得政府部门的监管环节实现闭合、无缝隙，真正落实对外来植物物种引进后的监管。

（五）加大了行政处罚力度

按照《植物检疫条例》的原则性授权规定，目前国家林业局制定的《实施细则》中林业检疫处罚数额最高只有2 000元，且《植物检疫条例》和《实施细则》对应予行政处罚的违法行为规定十分原则、种类有限，不能对违法行为构成威慑，无法达到有效遏制违法行为的目的。因此，根据本市规章设定行政处罚的权限，借鉴外省已出台的相关法规、规章，本着不与上位法和《实施细则》冲突的前提下，细化了部分违法行为，在法定幅度内适度提高了处罚标准；并结合实际管理工作的需要，增设了对相关违法行为的行政处罚。

北京市人民政府办公厅关于进一步
加强林业有害生物防治工作的实施意见

京政办函〔2015〕131号

各区人民政府，市政府各委、办、局，各市属机构：

为贯彻落实《国务院办公厅关于进一步加强林业有害生物防治工作的意见》（国办发〔2014〕26号）精神，切实加强本市林业有害生物防治工作，经市政府同意，现提出以下实施意见：

一、工作目标

到2020年，本市林业有害生物防治工作要在科学防治方面实现新突破，在社会化防治和应急防治方面得到新提高，在防治体制机制建设方面取得新进展。全市林业有害生物成灾率控制在1‰以下，无公害防治率达到95％以上，测报准确率达到91％以上，种苗产地检疫率达到100％（以下简称"四率"指标）。

二、主要任务

（一）进一步提升监测预警能力。要统筹兼顾、科学布点，不断完善市、区林业有害生物监测预报网络，在天安门广场周边、长安街、首都机场高速公路等重点地区加密监测点。加强对自然保护区、重点生态区有害生物的监测预警、灾情评估，及时发布预报预警信息。建立完善林业有害生物普查和专项调查制度，每5年组织开展一次林业有害生物普查，认真抓好美国白蛾、红脂大小蠹和白蜡窄吉丁等重大林业有害生物专项调查，全面、及时掌握本市林业有害生物现状，科学确定林业检疫性和危险性有害生物名单，为防治工作提供依据。

（二）强化检疫御灾措施。进一步强化林业有害生物传播扩散源头管理，积极推进林业植物检疫追溯体系建设，加强对林业植物及其产品的调运检疫和疫木的监管。要进一步优化检疫审批程序，强化事中和事后监管，严格落实风险评估、产地检疫、隔离除害、种植地监管等制度。

（三）大力开展无公害防治。树立绿色发展理念，积极推广生物防治、物理防治等无公害防治技术，支持林业有害生物天敌繁育以及生物制剂的生产和使用，加强低毒低残留农药防治、生物农药防治等技术的应用。进一步提高重点地区无公害防治比例，力争到2020年，城市建成区物理防治比例达到60％以上，自然保护区、重点生态区生物防治比例达到80%以上。

（四）提高突发事件应对能力。结合全市林业有害生物发生和外来有害生物入侵情况，进一步完善林业有害生物突发事件应急预案，健全专群结合、快速响应、处置高效的应急防治体系；每个区应建立1～2支应急防治队伍，每年开展2～3次防治技能培训和应急演练，提高应急响应和处置能力；加强应急防治物资储备，按年度更新药剂、药械等应急防治物资。

（五）大力推进社会化防治进程。各区、各有关部门要进一步转变职能，创新防治体制机制，通过政策引导、部门组织、市场拉动等途径，扶持和发展多形式、多层次、跨行业的社会化防治组织，规范有序向社会力量购买林业有害生物普查、监测、防治、除害等服务。园林绿化部门要研究制定防治作业监理和第三方防治成效评估等制度，加强监督检查，强化对社会化防治组织及其从业人员的业务指导和技术培训，逐步实现防治任务的项目化管理和市场化运作。

（六）提升京津冀协同防治水平。按照《京津冀协同发展林业有害生物防治框架协议》，统筹规划三地林业有害生物防治工作，加强信息交流与共享，推进监测预警一体化建设，强化检疫监管协作，探索联合执法机制，增强灾情联合应对能力。

三、保障措施

（一）全面落实防治责任。林业有害生物防治实行"谁经营、谁防治"的责任制度，林业经营主体要做好所属或经营森林、林木的有害生物预防与治理工作。各级政府要加强组织领导，将林业有害生物防治工作作为本地区生态环境建设、防灾减灾应急体系建设的重要内容。园林绿化部门要严格对"四率"指标和美国白蛾等重大林业有害生物防治目标完成情况进行监督考核。在发生暴发性或危险性林业有害生物为害时，实行属地政府行政领导负责制，根据实际需要建立健全临时指挥机构，制定紧急除治措施，协调解决重大问题。

（二）强化部门协作配合。市有关部门要切实加强沟通协作，各负其责、依法履职。农业、水务、路政等部门要加强对所辖领域林业有害生物的防治工作；交通运输、邮政管理等部门要加强对运输、邮寄林业植物及其产品的监督管理；工商部门要积极配合林业植物检疫机构对木材市场、花卉市场等场所开展检疫检查；园林绿化部门要做好相关技术支持和服务保障工作，及时制定技术标准和工作方案；农业、园林绿化、出入境检验检疫等部门要研究建立林业植物疫情联防联控机制。

（三）增强科技支撑能力。市、区有关部门要加大对林业有害生物防治领域科学研究的支持力度，重点支持综合防治和快速检验检测、空中和地面相结合的立体监测等关键性、基础性、前沿性技术研究。加快以企业为主体、产学研协同开展防治技术创新和推广工作，大力开展防治减灾教育宣传和科普工作。加强与国内外相关科研机构的交流合作，学习借鉴其先进技术和管理经验。

（四）拓宽资金投入渠道。要将林业有害生物普查、监测预报、疫情处理、防治药剂药械采购和政府购买服务等所需资金纳入财政预算。强化对航空作业防治、地面远程施药等先进防治技术推广应用的资金扶持。支持符合条件的社会化防治组织、个人申请林业贴息贷款、小额担保贷款。

（五）加强人才队伍建设。各区要根据林业有害生物防治工作需要，加强防治检疫组织建设，合理配备人员力量，特别是要加强专业技术人员的配备。园林绿化部门要进一步加大对基层测报员、查防员和应急志愿者等人员的培训和考核力度，力争每2年进行一次轮训，不断提高人员素质和业务能力。

北京市人民政府办公厅

2015年12月30日

参考文献

[1] 彩万志.普通昆虫学[M].北京：中国农业大学出版社，2001.

[2] 陈根宝，王凤，冯丛经等.6种药剂防治悬铃木方翅网蝽的药效试验[J].江苏农业科学，2011，39(3)：125-128.

[3] 王淑英.中国森林植物检疫对象[M].北京：中国林业出版社，1996.

[4] 党心德.桑夜蛾的新寄主——香椿[J].陕西林业科技，2003(1)：51.

[5] 丁建云，谷天明，贾峰勇.果园灯下常见昆虫原色图谱[M].北京：中国农业出版社，2008.

[6] 范迪.山东林木昆虫志[M].北京：中国林业出版社，1993.

[7] 方承莱.中国动物志昆虫纲•鳞翅目灯蛾科（第十九卷）[M].北京：科学出版社，2000.

[8] 关玲，陶万强.北京林业有害生物名录[M].哈尔滨：东北林业大学出版社，2010.

[9] 国家林业局森林病虫害防治总站.林业有害生物防治历（一）[M].北京：中国林业出版，2010.

[10] 国家林业局森林病虫害防治总站.中国林业有害生物概况[M].中国林业出版社，2008.

[11] 国家林业局森林病虫害防治总站.中国林业有害生物风险评估[M].哈尔滨：东北林业大学出版社，2014.

[12] 何亚军.汾阳市行道树主要虫害发生特点及防治[J].山西林业科技，2012，41(1).

[13] 胡跃华.榛卷叶象甲生物学特性及防治措施[J].辽宁林业科技，2011(4).

[14] 胡殿芹，张继远，马泽栋，等.膜肩网蝽的生物学特性及防治[J].天津农林科技，2008(2).

[15] 河南省森林病虫害防治检疫站.河南林业有害生物防治技术[M].郑州：黄河水利出版社，2005.

[16] 蒋细旺，包满珠，薛东，等.我国菊花病害种类及为害特征 [J].甘肃农业大学学报，2002，37(2)：185-189.

[17] 梁爱萍.关于停止使用"同翅目Homoptera"目名的建议[J].昆虫知识，2005，42(3).

[18] 刘娥，李成德.青杨楔天牛危险性分析[J].林业科技开发.2009，23(2).

[19] 刘鸿岩，等.菊花常见病害防治技术[J].现代农村科技，2009(4).

[20] 刘海顺，张义勇.承德柳十八斑叶甲生物学特性初步研究[J].河北林果研究，2006，21(3).

[21] 黎明，赵军，田衍利，等.抚顺地区落叶松八齿小蠹为害规律及其防治方法[J].吉林林业科技，2001，30(5)：49-50.

[22] 李淳，郜风海，赵志平.黑龙江省林业有害生物志[M].哈尔滨：东北林业大学出版社，2009.

[23] 李连锁，王路芳，刘志群，等.绵山天幕毛虫生物学习性及其防治技术[J].河北林业科技，2005(5).

[24] 李淑丽，等.邢台市油松死亡情况调查及原因初析[J].河北林果研究，2001，16(1).

[25] 李亚杰.中国杨树害虫[M].沈阳：辽宁科学技术出版社，1983.

[26] 李咏玲.绵山天幕毛虫形态特征及生物学特性研究[J].植物保护，2012，38(3).

[27] 李占文，孙惠芳，王丽先，等.宁夏灵武长枣区红缘天牛的为害及其寄生天敌调查研究[J].黑龙江农业科学，2008(4).

[28] 林常松.榆近脉三节叶蜂生物学研究初报[J].河北林业科技，2011(2).

[29] 刘广瑞，王瑞.中国北方常见金龟子彩色图鉴[M].北京：中国林业出版社，1997.

[30] 刘桂芹.如何防治菊花褐斑病[J].河北农业科技，2007(7).

[31] 刘加铸. 几种药剂防治栗大蚜越冬卵试验[J]. 山东林业科技, 2003(5).

[32] 刘金英, 庞建军, 翟善民. 国槐几种主要害虫可持续防治技术[J]. 天津建设科技, 园林专刊, 2001.

[33] 刘长海, 阎锡海, 王延峰, 等. 陕北枣区发现红缘天牛为害枣树[J]. 植物保护, 2002, 28(6).

[34] 吕佩珂. 中国果树病虫原色图谱[M]. 北京: 华夏出版社, 2001.

[35] 吕晓丽. 青杨叶锈病及防治[J]. 河北林业, 2009(2).

[36] 吕玉里, 刘仕玲, 范金龙, 等. 一种新的林业害虫六星黑点豹蠹蛾[J]. 天津农林科技, 2006 (4).

[37] 马文珍. 中国经济昆虫志•鞘翅目（第四十六册）[M]. 北京: 科学出版社, 1995.

[38] 明广增, 王丹青, 魏洪涛, 等. 楸蠹野螟发生及防治试验研究[J]. 植物医生, 2006, 19(3).

[39] 潘彦平, 郭一妹. 油松毛虫监测与防治技术规程[S]. 北京: 北京市质量技术监督局, 2011.

[40] 蒲富基. 中国经济昆虫志•鞘翅目天牛科（二）（第十九册）[M]. 北京: 科学出版社, 1980.

[41] 齐守全. 柏红蜘蛛的发生规律与为害特点[J]. 安徽林业, 2009(5).

[42] 秦维亮. 北方园林植物病虫害防治手册[M]. 北京: 中国林业出版社, 2011.

[43] 邱强. 中国果树病虫原色图鉴[M]. 郑州: 河南科学技术出版社, 2004.

[44] 绕文聪, 等. 乐扫防治桑木虱的药效试验[J]. 广东蚕业, 2006(2).

[45] 首都绿化委员会办公室. 绿化树木病虫鼠害[M]. 北京: 中国林业出版社, 2000.

[46] 首都绿化委员会办公室. 果树病虫害[M]. 北京: 中国林业出版社, 2000.

[47] 首都绿化委员会办公室. 观赏植物病虫草害[M]. 北京: 中国林业出版社, 2000.

[48] 舒朝然, 詹敏. 松十二齿小蠹的危险性分析[J]. 沈阳农业大学学报, 2005, 36(2).

[49] 宋立洲. 香山黄栌丽木虱发生规律及防治技术的初步研究[J]. 中国植保导刊, 2009, 29(7).

[50] 孙绪艮, 李占鹏. 林果病虫害防治学[M]. 北京: 中国科学技术出版社, 2001.

[51] 谭娟杰, 等. 中国经济昆虫志.[M]. 北京: 科学出版社, 1980.

[52] 唐志远. 常见昆虫[M]. 北京: 中国林业出版社, 2008.

[53] 田桂芳, 马学军, 曹川健等. 杨梢叶甲生物学特性及防治措施[J]. 中国森林病虫, 2007, 26(5).

[54] 田秀丽, 孙彦辉. 六星黑点豹蠹蛾风险性分析和管理措施[J]. 天津农业科学, 2008, 14(1).

[55] 王大洲, 王金华. 红缘天牛的发生与防治技术[J]. 河北林业科技, 2002(4).

[56] 王芳, 黄碧龙, 王艳. 菊花褐斑病发生规律及防治研究[J]. 北方园艺, 2001(1).

[57] 王凤, 鞠端亭, 杜予州, 等. 绿化植物五种刺蛾生物学特性比较[J]. 中国森林病虫, 2006, 25(5): 11-15

[58] 王凤, 鞠端亭, 李跃忠, 等. 褐边绿刺蛾的取食行为和取食量[J]. 昆虫知识, 2008, 45(2):233-235

[59] 王福莲, 李传仁, 刘万学, 等. 新入侵物种悬铃木方翅网蝽的生物学特性与防治技术研究进展[J]. 林业科学, 2008, 44(6): 137-142.

[60] 王建义, 武三安. 宁夏蚧虫及其天敌[M]. 北京: 科学出版社, 2009.

[61] 王金荣, 巫冬江, 吕爱华, 等. 褐边绿刺蛾幼虫生物农药防治试验[J]. 浙江林业科技, 2008, 28(3): 66-68.

[62] 王绪捷. 河北森林昆虫图册[M]. 石家庄: 河北科学技术出版社, 1985.

[63] 王源岷, 赵魁杰, 徐筠, 等. 中国落叶果树害虫[M]. 北京: 知识出版社, 1997.

[64] 王焱. 上海林业病虫[M]. 上海: 上海科学科技出版社, 2007.

[65] 王直诚. 东北天牛志[M]. 长春: 吉林科学技术出版社, 2003.

[66] 王子清. 中国动物志昆虫纲•同翅目蚧总科（第二十二卷）[M]. 北京：科学出版社，2001.

[67] 吴菊芳，马恩沛. 柏小爪螨生物学研究初报[J]. 上海农学院学报，1986，3（4）.

[68] 武三安. 园林植物病虫害防治（第2版）[M]. 北京：中国林业出版社，1997.

[69] 武星煜，辛恒. 近脉三节叶蜂属中国一新记录种[J]. 昆虫分类学报，2006，28(4).

[70] 武星煜. 榆近脉三节叶蜂生物学与防治技术研究[J]. 植物保护，2006，32(4).

[71] 武星煜. 中国蜷叶蜂属一新种(膜翅目:叶蜂科)[J]. 中南林业科技大学学报，2009, 29(2).

[72] 西北农学院植物保护系. 陕西省经济昆虫图志•鳞翅目蝶类[M]. 陕西：陕西人民出版社，1978.

[73] 解国峰. 落叶松腮扁叶蜂研究初报[J]. 林业实用技术，1991.

[74] 萧刚柔，周淑芷，黄孝远，等. 中国经济叶蜂志•膜翅目广腰亚目[M]. 北京：天则出版社，1992.

[75] 萧刚柔. 中国森林昆虫（第2版增订本）[M]. 北京：中国林业出版社，1991.

[76] 萧刚柔. 拉汉英昆虫•蜱螨•蜘蛛•线虫名称[M]. 北京：中国林业出版社，1997.

[77] 徐公天，杨志华. 中国园林害虫[M]. 北京：中国林业出版社，2007.

[78] 徐公天. 园林植物病虫害防治原色图谱[M]. 北京：中国农业出版社，2003.

[79] 徐明慧. 园林植物病虫害防治[M]. 北京：中国林业出版社，1993.

[80] 徐志宏，柳建定. 花木病虫害防治彩色图说[M].北京：中国农业科学技术出版社，2005.

[81] 许俊杰，李照会，李伟，等. 柏小爪螨发育起点温度和有效积温的研究[J]. 昆虫知识，2002，39(6).

[82] 薛杰. 合欢枯萎病的发生与防治[J]. 林业科技开发，2005，19(5).

[83] 杨宏. 北京蝶类原色图鉴[M]. 北京：科学技术文献出版社1994.

[84] 杨旺. 森林病理学[M]. 北京：中国林业出版社，1996.

[85] 杨有乾. 为害油松的新害虫——油松梢小蠹[J]. 森林病虫通讯，2006(6).

[86] 杨忠岐. 中国小蠹虫寄生蜂[M]. 北京：科学出版社，1996.

[87] 杨子琦，曹华国. 园林植物病虫害防治图鉴[M]. 北京：中国林业出版社，2002.

[88] 姚艳霞，赵岱，杨忠岐. 瘿孔象刻腹小蜂生物学及其与寄主赵氏瘿孔象的关系[J]. 林业科学，2007，43(10).

[89] 于诚铭，郭树平，程德江. 人工林内落叶松八齿小蠹发生规律的研究[J]. 东北林学院学报，1984，12(2).

[90] 于金国，韩国华，裴元慧，等. 不同柏树对柏小爪螨寄主选择及生长发育的影响[J]. 中国森林病虫，2006，25(6).

[91] 虞国跃，张正好，王合. 榆近脉三节叶蜂的识别及为害特点[J].应用昆虫学报，2011，48(3).

[92] 虞国跃，王合，冯术快. 王家园昆虫[M]. 北京：科学出版社，2016.

[93] 虞国跃. 北京蛾类图谱[M]. 北京：科学出版社，2015.

[94] 岳丽红. 佳木斯地区绿芫菁生物学特性及其药用价值分析[J]. 内蒙古农业科技；2012(5).

[95] 曾爱国. 桑木虱的防治[J]. 北方蚕业，1981(2).

[96] 张存立. 楸蠹野螟生物学特性初步观察[J]. 安徽农业科学，2007，35(9).

[97] 张广学，钟铁森. 中国经济昆虫志同翅目蚜虫类（一）（第二十五册）[M]. 北京：科学出版社，1983.

[98] 张广学. 西北农林蚜虫志昆虫纲•同翅目蚜虫类[M]. 北京：中国环境科学出版社，1999.

[99] 张庆贺. 落叶松八齿小蠹综合防治中的饵木设置技术[J]. 森林病虫通讯，1989(2).

[100] 张山林，马晓，卫本舒，等.青杨叶锈病在临夏州的流行规律及其防治技术研究[J].甘肃林业科技，1991(2)：43-48

[101] 张星耀，骆有庆.中国森林重大灾害[M].北京：中国林业出版社，2003.

[102] 张执中.森林昆虫学[M].北京：中国林业出版社，1997.

[103] 章士美.中国经济昆虫志•半翅目（一）（第三十一册）[M].北京：科学出版社，1985.

[104] 赵怀谦.园林植物病虫害防治手册[M].北京：农业出版社，1994.

[105] 赵经周，于文喜，林凡平.杨树皱叶病的研究[J].林业科技，1994(5)：21-23

[106] 赵良平.中国林业检疫性有害生物及检疫技术操作办法[M].北京：中国林业出版社，2005.

[107] 赵小敏，孙勇，魏来.野蚕生物学特性及防治[J].吉林农业，2010 (10)：75

[108] 赵彦杰.板栗栗大蚜的发生规律与综合防治[J].安徽农业科学，2005，33(6).

[109] 赵仲苓.中国动物志昆虫纲•鳞翅目毒蛾科（第三十卷）[M].北京：科学出版社，2003.

[110] 中国科学院动物研究所.中国蛾类图鉴Ⅱ[M].北京：科学出版社，1983.

[111] 周尧.《中国蝶类志》修订本[M].郑州：河南科技出版社1999.

[112] 朱弘复，王林瑶.中国动物志昆虫纲•鳞翅目蚕蛾科（第五卷）[M].北京：科学出版社，1996.

中文名索引

中文名索引

中文名索引

中文名索引

中文名索引

中文名索引